Photoshop CC 2018
标准培训教程

数字艺术教育研究室　编著

人民邮电出版社

北　京

图书在版编目（ＣＩＰ）数据

Photoshop CC 2018标准培训教程 / 数字艺术教育研
究室编著. -- 北京 : 人民邮电出版社，2019.4
ISBN 978-7-115-49742-0

Ⅰ．①P… Ⅱ．①数… Ⅲ．①图象处理软件—教材
Ⅳ．①TP391.413

中国版本图书馆CIP数据核字（2018）第250599号

内 容 提 要

本书全面系统地介绍了 Photoshop CC 的基本操作方法和图形图像处理技巧，包括图像处理基础知识、初识 Photoshop CC、绘制和编辑选区、绘制图像、修饰图像、编辑图像、绘制图形和路径、调整图像的色彩和色调、图层的应用、应用文字、通道与蒙版、滤镜效果和商业案例实训等内容。

本书将案例融入软件功能的介绍过程，力求通过课堂案例演练，使读者快速掌握软件的应用技巧。在学习了基础知识和基本操作后，通过课堂练习和课后习题实践，拓展读者的实际应用能力。在本书的最后一章，作者精心安排了几个精彩实例，力求通过这些实例的制作，使读者提高艺术设计创意能力。

本书附带学习资源，内容包括书中所有案例的素材及效果文件，读者可通过在线方式获取这些资源，具体方法请参看本书前言。

本书适合作为高等院校数字媒体艺术类专业 Photoshop 课程的教材，也可供相关人员自学参考。

◆ 编　　著　数字艺术教育研究室
　　责任编辑　张丹丹
　　责任印制　马振武

◆ 人民邮电出版社出版发行　　北京市丰台区成寿寺路 11 号
　　邮编　100164　电子邮件　315@ptpress.com.cn
　　网址　https://www.ptpress.com.cn
　　涿州市殷润文化传播有限公司印刷

◆ 开本：700×1000　1/16
　　印张：16　　　　　　　　　　2019 年 4 月第 1 版
　　字数：375 千字　　　　　　　2024 年 7 月河北第 11 次印刷

定价：59.80 元

读者服务热线：(010)81055410　印装质量热线：(010)81055316
反盗版热线：(010)81055315
广告经营许可证：京东市监广登字 20170147 号

前　言

Photoshop是由Adobe公司开发的图形图像处理和编辑软件。它功能强大、易学易用，深受图形图像处理爱好者和平面设计人员的喜爱，已经成为这一领域非常流行的软件。目前，我国很多院校和培训机构的艺术专业，都将Photoshop作为一门重要的专业课程。为了帮助院校和培训机构的教师比较全面、系统地讲授这门课程，使学生能够熟练地使用Photoshop来进行设计创意，数字艺术教育研究室组织院校从事Photoshop教学的教师和专业平面设计公司经验丰富的设计师共同编写了本书。

我们对本书的编写体例做了精心的设计，按照"课堂案例—软件功能解析—课堂练习—课后习题"这一思路进行编排，力求通过课堂案例演练，使读者快速熟悉软件功能和艺术设计思路；通过软件功能解析，使读者深入学习软件功能和制作技巧；通过课堂练习和课后习题，拓展读者的实际应用能力。在内容编写方面，我们力求通俗易懂，细致全面；在文字叙述方面，我们注意言简意赅、突出重点；在案例选取方面，我们强调案例的针对性和实用性。

本书附带学习资源，内容包括书中所有案例的素材及效果文件。读者在学完本书内容以后，可以调用这些资源进行深入练习。这些学习资源文件均可在线下载，扫描"资源下载"二维码，关注我们的微信公众号，即可获得资源文件下载方式。另外，购买本书作为授课教材的教师也可以通过该方式获得教师专享资源，其中包括教学大纲、备课教案、教学PPT，以及课堂案例、课堂练习和课后习题的教学视频等相关教学资源包。如需资源下载技术支持，请致函szys@ptpress.com.cn。同时，读者可以扫描"在线视频"二维码观看本书所有案例视频。本书的参考学时为52学时，其中实训环节为24学时，各章的参考学时可以参见下面的学时分配表。

资源下载

在线视频

章　序	课 程 内 容	学时分配	
		讲　授	实　训
第1章	图像处理基础知识	1	
第2章	初识Photoshop CC	2	
第3章	绘制和编辑选区	1	2
第4章	绘制图像	2	2
第5章	修饰图像	2	2
第6章	编辑图像	2	2
第7章	绘制图形和路径	2	2

章 序	课程内容	学 时 分 配	
		讲 授	实 训
第8章	调整图像的色彩和色调	3	2
第9章	图层的应用	2	2
第10章	应用文字	2	2
第11章	通道与蒙版	2	2
第12章	滤镜效果	3	2
第13章	商业案例实训	4	4
学 时 总 计		28	24

由于时间仓促，编者水平有限，书中难免存在错误和不妥之处，敬请广大读者批评指正。

编　者

2018年9月

目　录

第 *1* 章

图像处理基础知识

本章介绍

　　本章主要介绍Photoshop CC图像处理的基础知识，包括位图与矢量图、分辨率、图像色彩模式和文件常用格式等。通过对本章的学习，读者可以快速掌握这些基础知识，以便更快、更准确地处理图像。

学习目标

◆ 了解位图、矢量图和分辨率。

◆ 熟悉图像的不同色彩模式。

◆ 熟悉软件常用的文件格式。

技能目标

◆ 掌握位图和矢量图的分辨方法。

◆ 掌握图像颜色模式的转换方法。

1.1 位图和矢量图

图像文件可以分为位图和矢量图两大类。在绘图或处理图像的过程中，这两种类型的图像可以相互交叉使用。

1.1.1 位图

位图图像也叫点阵图像，是由许多单独的小方块组成的，这些小方块被称为像素。每个像素都有特定的位置和颜色值，位图图像的显示效果与像素是紧密联系在一起的，不同排列和着色的像素组合在一起构成了一幅色彩丰富的图像。像素越多，图像的分辨率越高，相应地，图像文件的数据量也会越大。

一幅位图图像的原始效果如图1-1所示，使用放大工具放大后，可以清晰地看到像素的小方块，效果如图1-2所示。

图1-1　　　　　　　　图1-2

位图与分辨率有关，如果在屏幕上以较大的倍数放大显示图像，或以低于创建时的分辨率打印图像，图像就会出现锯齿状的边缘，并且会丢失细节。

1.1.2 矢量图

矢量图也叫向量图，它是一种基于图形的几何特性来描述的图像。矢量图中的各种图形元素被称为对象，每一个对象都是独立的个体，都具有大小、颜色、形状和轮廓等属性。

矢量图与分辨率无关，可以将它设置为任意大小，其清晰度不变，也不会出现锯齿状的边缘。在任何分辨率下显示或打印，都不会损失细节。一幅矢量图的原始效果如图1-3所示，使用放大工具放大后，其清晰度不变，效果如图1-4所示。

图1-3　　　　　　　　图1-4

矢量图所占的容量较小，但这种图形的缺点是不易制作色调丰富的图像，而且绘制出来的图形无法像位图那样精确地描绘各种绚丽的景象。

1.2 分辨率

分辨率是用于描述图像文件信息的术语，可分为图像分辨率、屏幕分辨率和输出分辨率。下面将分别进行讲解。

1.2.1 图像分辨率

在Photoshop CC中，图像中每单位长度上的像素数目称为图像的分辨率，其单位为像素/英寸或像素/厘米。

在相同尺寸的两幅图像中，高分辨率的图像包含的像素比低分辨率的图像包含的像素多。例如，一幅尺寸为1英寸×1英寸的图像，其分辨率为72像素/英寸，这幅图像包含5184（72×72＝5184）像素。同样尺寸，分辨率为300像素/英寸的图像包含90000像素。相同尺寸下，分辨率为72像素/英寸的图像效果如图1-5所示；分辨率为10像素/英寸的图像效果如图1-6所示。由此可见，在相同尺寸下，高分辨率的图像能更清晰地表现图像内容。（注：1英寸=2.54厘米）

图1-5　　　　　　图1-6

> 🔍 提 示
>
> 　　如果一幅图像所包含的像素是固定的，那么增加图像尺寸后会降低图像的分辨率。

1.2.2　屏幕分辨率

屏幕分辨率是显示器上每单位长度显示的像素数目。屏幕分辨率取决于显示器大小及其像素设置。PC显示器的分辨率一般约为96像素/英寸，Mac显示器的分辨率一般约为72像素/英寸。在Photoshop CC中，图像像素被直接转换成显示器像素，当图像分辨率高于显示器分辨率时，屏幕中显示的图像比实际尺寸大。

1.2.3　输出分辨率

输出分辨率是照排机或打印机等输出设备产生的每英寸的油墨点数（dpi）。打印机的分辨率在720 dpi以上的，可以使图像获得比较好的效果。

1.3　图像的色彩模式

Photoshop CC提供了多种色彩模式，这些色彩模式正是作品能够在屏幕和印刷品上成功表现的重要保障。在这些色彩模式中，经常使用的有CMYK模式、RGB模式以及灰度模式。另外，还有索引模式、Lab模式、HSB模式、位图模式、双色调模式和多通道模式等。这些模式都可以在模式菜单下选取，每种色彩模式都有不同的色域，并且各个模式之间可以相互转换。下面介绍主要的色彩模式。

1.3.1　CMYK模式

CMYK代表印刷上用的4种油墨颜色：C代表青色，M代表洋红色，Y代表黄色，K代表黑色。CMYK颜色控制面板如图1-7所示。

图1-7

CMYK模式在印刷时应用了色彩学中的减法混合原理，即减色色彩模式，是图片、插图和其他Photoshop作品中较常用的一种印刷方式。因为在印刷中通常都要进行四色分色，出四色胶片，然后再进行印刷。

1.3.2　RGB模式

与CMYK模式不同的是，RGB模式是一种加色模式，通过红、绿、蓝3种色光相叠加而形成更多的颜色。RGB是色光的彩色模式，一幅24bit的RGB图像有3个色彩信息的通道：红色（R）、绿色（G）和蓝色（B）。RGB颜色控制面板如图1-8所示。

图1-8

每个通道都有8 bit的色彩信息，即一个0～255的亮度值色域。也就是说，每一种色彩都有256个亮度水平级。3种色彩相叠加，可以有256×256×256=16777216种可能的颜色。这么多种颜色足以表现出绚丽多彩的世界。

在Photoshop CC中编辑图像时，建议选择RGB模式。因为它可以提供全屏幕的多达24bit的色彩范围。一些计算机领域的色彩专家称之为"True Color（真彩显示）"。

1.3.3 灰度模式

灰度图又叫8 bit深度图。每个像素用8个二进制位表示，能产生2^8（即256）级灰色调。当一个彩色文件被转换为灰度模式文件时，所有的颜色信息都将从文件中丢失。尽管Photoshop CC允许将一个灰度模式文件转换为彩色模式文件，但不可能将原来的颜色完全还原。所以，当要转换灰度模式时，应先做好图像的备份。

与黑白照片一样，一个灰度模式的图像只有明暗值，没有色相和饱和度这两种颜色信息。0%代表白，100%代表黑，其中的K值用于衡量黑色油墨用量。颜色控制面板如图1-9所示。

图1-9

> **提示**
>
> 将彩色模式转换为双色调（Duotone）模式或位图（Bitmap）模式时，必须先将其转换为灰度模式，然后由灰度模式转换为双色调模式或位图模式。

1.4 常用的图像文件格式

当用Photoshop CC制作或处理好一幅图像后，就要进行存储。这时，选择一种合适的文件格式就显得十分重要。Photoshop CC有20多种文件格式可供选择。在这些文件格式中，既有Photoshop CC的专用格式，也有用于应用程序交换的文件格式，还有一些比较特殊的格式。下面介绍几种常用的文件格式。

1.4.1 PSD格式和PDD格式

PSD格式和PDD格式是Photoshop CC自身的专用文件格式，能够支持从线图到CMYK的所有图像类型，但由于在一些图形处理软件中不能很好地被支持，所以其通用性不强。PSD格式和PDD格式能够保存图像数据的细小部分，如图层、附加的遮膜通道等Photoshop CC对图像进行特殊处理的信息。在没有最终决定图像存储的格式前，建议先以这两种格式存储。另外，Photoshop CC打开和存储这两种格式的文件比其他格式更快。但是这两种格式也有缺点，就是它们所存储的图像文件容量大，占用的磁盘空间较多。

1.4.2　TIFF格式

TIFF格式是标签图像格式。TIFF格式对于色彩通道图像来说是最有用的格式，具有很强的可移植性，可以用于PC、Macintosh和UNIX工作站3大平台，是这3大平台上使用非常广泛的绘图格式。

使用TIFF格式存储时应考虑到文件的大小，因为TIFF格式的结构要比其他格式更复杂。但TIFF格式支持24个通道，能存储多于4个通道的文件格式。TIFF格式还允许使用Photoshop CC中的复杂工具和滤镜特效。TIFF格式非常适合印刷和输出。

1.4.3　BMP格式

BMP（Windows Bitmap）格式可以用于绝大多数Windows下的应用程序。

BMP格式使用索引色彩，并且可以使用16MB色彩渲染图像。BMP格式能够存储黑白图、灰度图和16MB色彩的RGB图像等，这种格式的图像具有极为丰富的色彩。此格式一般在多媒体演示、视频输出等情况下使用，但不能在Macintosh程序中使用。在存储BMP格式的图像文件时，还可以进行无损压缩，这样能节省磁盘空间。

1.4.4　GIF格式

GIF（Graphics Interchange Format）格式的图像文件容量比较小，形成一种压缩的8 bit图像文件。正因为这样，一般用这种格式的文件来缩短图形的加载时间。在网络中传送图像文件时，GIF格式的图像文件要比其他格式的图像文件快得多。

1.4.5　JPEG格式

JPEG（Joint Photographic Experts Group）的中文意思为"联合摄影专家组"。JPEG格式既是Photoshop支持的一种文件格式，也是一种压缩方案，是Macintosh上常用的一种存储类型。JPEG格式是压缩格式中的"佼佼者"。与TIFF文件格式采用的LIW无损压缩相比，JPEG的压缩比例更大，但JPEG使用的有损压缩会丢失部分数据。用户可以在存储前选择图像的最好质量，控制数据的损失程度。

1.4.6　EPS格式

EPS（Encapsulated Post Script）格式是Illustrator和Photoshop之间可交换的文件格式。Illustrator软件制作出来的流动曲线、简单图形和专业图像一般都存储为EPS格式。Photoshop可以获取这种格式的文件。在Photoshop中，可以把其他图形文件存储为EPS格式，在排版类的PageMaker和绘图类的Illustrator等其他软件中使用。

1.4.7　选择合适的图像文件存储格式

可以根据工作任务的需要选择合适的图像文件存储格式。下面根据图像的不同用途介绍应该选择的图像文件存储格式。

印刷：TIFF、EPS。

出版物：PDF。

Internet图像：GIF、JPEG、PNG。

Photoshop CC工作：PSD、PDD、TIFF。

第 2 章

初识Photoshop CC

本章介绍

本章对Photoshop CC的功能特色进行讲解。通过对本章的学习，读者可以对Photoshop CC的多种功能有一个大体的了解，有助于在制作图像的过程中快速定位，并应用相应的知识完成图像的制作任务。

学习目标

◆ 熟悉软件的工作界面和基本操作。

◆ 了解图像的显示方法。

◆ 掌握辅助线和绘图颜色的设置。

◆ 掌握图层的基本操作方法。

技能目标

◆ 熟练掌握文件的新建、打开、保存和关闭方法。

◆ 掌握调整图像显示效果的方法。

◆ 掌握标尺、参考线和网格的应用。

◆ 熟练掌握图像和画布尺寸的调整技巧。

2.1 工作界面的介绍

2.1.1 菜单栏及其快捷方式

熟悉工作界面是学习Photoshop CC的基础。熟练掌握工作界面的内容，有助于初学者日后得心应手地驾驭Photoshop CC。Photoshop CC的工作界面主要由菜单栏、属性栏、工具箱、控制面板和状态栏组成，如图2-1所示。

图2-1

菜单栏：菜单栏共包含11个菜单命令。利用菜单命令可以完成编辑图像、调整色彩和添加滤镜效果等操作。

属性栏：属性栏是工具箱中各个工具的功能扩展。通过在属性栏中设置不同的选项，可以快速地完成多样化的操作。

工具箱：工具箱包含了多个工具。利用不同的工具可以完成对图像的绘制、观察和测量等操作。

控制面板：控制面板是Photoshop CC的重要组成部分。通过不同的功能面板，可以完成在图像中填充颜色、设置图层和添加样式等操作。

状态栏：状态栏可以提供当前文件的显示比例、文档大小、当前工具和暂存盘大小等提示信息。

1. 菜单分类

Photoshop CC的菜单栏依次分为"文件"菜单、"编辑"菜单、"图像"菜单、"图层"菜单、"文字"菜单、"选择"菜单、"滤镜"菜单、"3D"菜单、"视图"菜单、"窗口"菜单和"帮助"菜单，如图2-2所示。

文件(F) 编辑(E) 图像(I) 图层(L) 文字(Y) 选择(S) 滤镜(T) 3D(D) 视图(V) 窗口(W) 帮助(H)

图2-2

"文件"菜单：包含新建、打开、存储、置入等文件的操作命令。

"编辑"菜单：包含还原、剪切、复制、填充、描边等文件的编辑命令。

"图像"菜单：包含修改图像模式、调整图像颜色、改变图像大小等编辑图像的命令。

"图层"菜单：包含对图层的新建、编辑、调整命令。

"文字"菜单：包含对文字的创建、编辑和调整命令。

"选择"菜单：包含关于选区的创建、选取、修改、存储和载入等命令。

"滤镜"菜单：包含对图像进行各种艺术化处理的命令。

"3D"菜单：包含创建3D模型、编辑3D属性、调整纹理及编辑光线等命令。

"视图"菜单：包含对图像视图的校样、显示和辅助信息的设置等命令。

"窗口"菜单：包含排列、设置工作区以及显示或隐藏控制面板的操作命令。

"帮助"菜单：提供了各种帮助信息和技术支持。

2. 菜单命令的不同状态

子菜单命令：有些菜单命令包含了更多相关的菜单命令，包含子菜单的菜单命令右侧会显示黑色的三角形▶，单击带有三角形的菜单命令，就会显示出其子菜单，如图2-3所示。

不可执行的菜单命令：当菜单命令不符合运行的条件时，就会显示为灰色，即不可执行状态。例如，在CMYK模式下，滤镜菜单中的部分菜单命令将变为灰色，不能使用。

可弹出对话框的菜单命令: 当菜单命令后面显示有省略号"…"时,如图2-4所示,表示单击此菜单能够弹出相应的对话框,可以在对话框中进行设置。

图2-3　　　　　　图2-4

3. 显示或隐藏菜单命令

可以根据操作需要隐藏或显示指定的菜单命令。不经常使用的菜单命令可以暂时隐藏。选择"窗口 > 工作区 > 键盘快捷键和菜单"命令,弹出"键盘快捷键和菜单"对话框,如图2-5所示。

图2-5

单击"应用程序菜单命令"栏中命令左侧的三角形按钮 ,将展开详细的菜单命令,如图2-6所示。单击"可见性"选项下方的眼睛图标 ,可将其相对应的菜单命令隐藏,如图2-7所示。

设置完成后,单击"存储对当前菜单组的所有更改"按钮 ,保存当前的设置。也可单击"根据当前菜单组创建一个新组"按钮 ,将当前的修改创建为一个新组。隐藏应用程序菜单命令前后的菜单效果如图2-8和图2-9所示。

图2-6

图2-7

图2-8

图2-9

4. 突出显示菜单命令

为了突出显示需要的菜单命令,可以为其设置颜色。选择"窗口 > 工作区 > 键盘快捷键和菜单"命令，弹出"键盘快捷键和菜单"对话框，在要突出显示的菜单命令后面单击"无"下拉按钮，在弹出的下拉列表中可以选择需要的颜色标注命令，如图2-10所示。可以为不同的菜单命令设置不同的颜色，如图2-11所示。设置好颜色后，菜单命令的效果如图2-12所示。

图2-10

图2-11

图2-12

🔍 提示

　　如果要暂时取消显示菜单命令的颜色，可以选择"编辑 > 首选项 > 界面"命令，在弹出的对话框中取消勾选"显示菜单颜色"复选框即可。

5. 键盘快捷方式

使用键盘快捷方式：当要选择命令时，可以使用菜单命令旁标注的快捷键。例如，要选择

"文件 > 打开"命令，直接按Ctrl+O组合键即可。

　　按住Alt键的同时，单击菜单栏中文字后面带括号的字母，可以打开相应的菜单，再按菜单命令中带括号的字母即可执行相应的命令。例如，要选择"选择"命令，按Alt+S组合键即可弹出菜单，要想选择菜单中的"色彩范围"命令，再按C键即可。

自定义键盘快捷方式：为了更方便地使用常用的命令，Photoshop CC提供了自定义键盘快捷方式和保存键盘快捷方式的功能。

　　选择"窗口 > 工作区 > 键盘快捷键和菜单"命令，弹出"键盘快捷键和菜单"对话框，选择"键盘快捷键"选项卡，如图2-13所示。在对话框下面的信息栏中说明了快捷键的设置方法，在"组"选项中可以选择要设置快捷键的组合，在"快捷键用于"选项中可以选择需要设置快捷键的菜单或工具，在下面的选项窗口中选择需要设置的命令或工具进行设置，如图2-14所示。

图2-13

图2-14

设置新的快捷键后，单击对话框右上方的"根据当前的快捷键组创建一组新的快捷键"按钮，弹出"另存为"对话框，在"文件名"文本框中输入名称，如图2-15所示，单击"保存"按钮则存储新的快捷键设置。这时，在"组"选项中即可选择新的快捷键设置，如图2-16所示。

图2-15

图2-16

更改快捷键设置后，需要单击"存储对当前快捷键组的所有更改"按钮对设置进行存储，单击"确定"按钮，应用更改的快捷键设置。要将快捷键的设置删除，可以在对话框中单击"删除当前的快捷键组合"按钮，Photoshop CC会自动还原为默认设置。

> **提示**
> 在为控制面板或应用程序菜单中的命令定义快捷键时，这些快捷键必须包括Ctrl键或一个功能键；并且在为工具箱中的工具定义快捷键时，必须使用A～Z之间的字母。

2.1.2 工具箱

Photoshop CC的工具箱包括选择工具、绘图工具、填充工具、编辑工具、颜色选择工具、屏幕视图工具和快速蒙版工具等，如图2-17所示。想要了解每个工具的具体用法、名称和功能，可以将鼠标光标放置在具体工具的上方，此时会出现一个演示框，上面会显示该工具的具体用法、名称和功能，如图2-18所示。工具名称后面括号中的字母代表选择此工具的快捷键，只要在键盘上按该字母，就可以快速切换到相应的工具上。

图2-17

图2-18

切换工具箱的显示状态：Photoshop CC的工具箱可以根据需要在单栏与双栏之间自由切换。当工具箱显示为双栏时，如图2-19所示，单击工具箱上方的双箭头图标，工具箱即可转换为单栏，以节省工作空间，如图2-20所示。

显示隐藏工具：在工具箱中，部分工具图标的右下方有一个黑色的小三角，表示在该工具下还有隐藏的工具。用鼠标在工具箱中有小三角的工具图标上单击，并按住鼠标不放，弹出隐藏的工具选项，如图2-21所示。将鼠标光标移动到需要的工具图标上，即可选择该工具。

恢复工具的默认设置：要想恢复工具默认的设置，可以选择该工具，在相应的工具属性栏中，用鼠标右键单击工具图标，在弹出的菜单中选择"复位工具"命令，如图2-22所示。

图2-19

图2-20

图2-21   图2-22

鼠标光标的显示状态：当选择工具箱中的工具后，鼠标光标就变为工具图标。例如，选择"裁剪"工具，图像窗口中的鼠标光标也随之显示为裁剪工具的图标，如图2-23所示。选择"画笔"工具，鼠标光标显示为画笔工具的对应图标，如图2-24所示。按Caps Lock键，鼠标光标转换为精确的十字形图标，如图2-25所示。

图2-23   图2-24   图2-25

2.1.3 属性栏

当选择某个工具后，会出现相应的工具属性栏，可以通过属性栏对工具进行进一步的设置。例如，当选择"魔棒"工具时，工作界面的上方会出现相应的魔棒工具属性栏，可以应用属性栏中的各个命令对工具做进一步的设置，如图2-26所示。

图2-26

2.1.4 状态栏

打开一幅图像时，图像的下方会出现该图像的状态栏，如图2-27所示。状态栏的左侧显示当前图像缩放显示的百分数。在显示区的文本框中输入数值，可改变图像窗口的显示比例。

在状态栏的中间部分显示当前图像的文件信息，单击三角形图标，在弹出的菜单中可以选择当前图像的相关信息，如图2-28所示。

图2-27   图2-28

2.1.5 控制面板

控制面板是处理图像时另一个不可或缺的部分。Photoshop CC界面为用户提供了多个控制面板组。

收缩与展开控制面板：控制面板可以根据需要进行伸缩。面板的展开状态如图2-29所示。单击控制面板上方的双箭头图标 ⏵⏵，可以将控制面板收缩，如图2-30所示。如果要展开某个控制面板，可以直接单击其标签，相应的控制面板会自动弹出，如图2-31所示。

图2-29

图2-30

图2-31

拆分控制面板：若需要单独拆分出某个控制面板，可用鼠标选中该控制面板的选项卡并向工作区拖曳，如图2-32所示，选中的控制面板将被单独地拆分出来，如图2-33所示。

图2-32

图2-33

组合控制面板：可以根据需要将两个或多个控制面板组合到一个面板组中，这样可以节省操作的空间。要组合控制面板，可以选中外部控制面板的选项卡，用鼠标将其拖曳到要组合的面板组中，面板组周围出现蓝色的边框，如图2-34所示。此时，释放鼠标，控制面板将被组合到面板组中，如图2-35所示。

图2-34

图2-35

控制面板弹出式菜单：单击控制面板右上方的 ☰ 图标，可以弹出控制面板的相关命令菜单，应用这些菜单可以提高控制面板的功能性，如图2-36所示。

图2-36

隐藏与显示控制面板：按Tab键，可以隐藏工具箱和控制面板；再次按Tab键，可以显示出隐藏的部分。按Shift+Tab组合键，可以隐藏控制面板；再次按Shift+Tab组合键，可以显示出隐藏的部分。

部分。

> 🔍 **提示**
>
> 按F5键显示或隐藏"画笔"控制面板，按F6键显示或隐藏"颜色"控制面板，按F7键显示或隐藏"图层"控制面板，按F8键显示或隐藏"信息"控制面板，按Alt+F9组合键显示或隐藏"动作"控制面板。

自定义工作区：可以依据操作习惯自定义工作区、存储控制面板及设置工具的排列方式，设计出个性化的Photoshop CC界面。

设置完工作区后，选择"窗口 > 工作区 > 新建工作区"命令，弹出"新建工作区"对话框，如图2-37所示。输入工作区名称，单击"存储"按钮，即可将自定义的工作区进行存储。

图2-37

使用自定义工作区时，在"窗口 > 工作区"的子菜单中选择新保存的工作区名称。如果要恢复使用Photoshop CC默认的工作区状态，可以选择"窗口 > 工作区 > 复位基本功能"命令进行恢复。选择"窗口 > 工作区 > 删除工作区"命令，可以删除自定义的工作区。

2.2 ▶ 文件操作

掌握文件的基本操作方法是开始设计和制作作品所必需的技能。下面将具体介绍Photoshop CC软件中的基本操作方法。

2.2.1 新建图像

新建图像是使用Photoshop CC进行设计的第一步。如果要在一个空白的图像上绘图，就要在Photoshop CC中新建一个图像文件。

选择"文件 > 新建"命令，或按Ctrl+N组合键，弹出"新建文档"对话框，如图2-38所示。

图2-38

根据需要单击上方的类别选项卡，选择需要的预设新建文档；或在右侧的选项中修改图像的名称、宽度和高度、分辨率和颜色模式等预设数值新建文档，单击图像名称右侧的按钮，新建文档预设。设置完成后单击"创建"按钮，即可新建图像，如图2-39所示。

图2-39

2.2.2　打开图像

如果要对照片或图片进行修改和处理，就要在Photoshop CC中打开需要的图像。

选择"文件 > 打开"命令，或按Ctrl+O组合键，弹出"打开"对话框，在对话框中搜索路径和文件，确认文件类型和名称，如图2-40所示，单击"打开"按钮，或直接双击文件，即可打开所指定的图像文件，如图2-41所示。

图2-40

图2-41

> **提示**
>
> 在"打开"对话框中，也可以一次同时打开多个文件，只要在文件列表中将所需的几个文件选中，并单击"打开"按钮即可。在"打开"对话框中选择文件时，按住Ctrl键的同时，用鼠标单击，可以选择不连续的多个文件；按住Shift键的同时，用鼠标单击，可以选择连续的多个文件。

2.2.3　保存图像

编辑和制作完图像后，就需要将图像进行保存，以便于下次打开继续操作。

选择"文件 > 存储"命令，或按Ctrl+S组合键，可以存储文件。当设计好的作品进行第一次存储时，选择"文件 > 存储"命令，将弹出"另存为"对话框，如图2-42所示。在对话框中输入文件名、选择文件格式后，单击"保存"按钮，即可将图像保存。

图2-42

> **提示**
>
> 当对已经存储过的图像文件进行各种编辑操作后，选择"存储"命令，将不弹出"另存为"对话框，计算机直接保存最终确认的结果，并覆盖原始文件。

2.2.4 关闭图像

将图像进行存储后，可以将其关闭。选择"文件 > 关闭"命令，或按Ctrl+W组合键，可以关闭文件。关闭图像时，若当前文件被修改过或是新建的文件，则会弹出提示对话框，如图2-43所示，单击"是"按钮即可存储并关闭图像。

图2-43

2.3 图像的显示效果

使用Photoshop CC编辑和处理图像时，可以通过改变图像的显示比例，使工作更便捷、高效。

2.3.1 100%显示图像

100%显示图像，如图2-44所示，在此状态下可以对文件进行精确编辑。

图2-44

2.3.2 放大显示图像

选择"缩放"工具，图像中光标变为放大工具图标，每单击一次鼠标，图像就会放大一倍。当图像以100%的比例显示时，用鼠标在图像窗口中单击一次，图像则以200%的比例显示，效果如图2-45所示。

当要放大一个指定的区域时，在需要的区域按住鼠标不放，选中的区域会进行放大显示，当放大到需要的大小后松开鼠标。取消勾选"细微缩放"复选框，可以在图像上框选出矩形选区，如图2-46所示，以将选中的区域放大。

图2-45 图2-46

按Ctrl++组合键，可逐次放大图像，如图2-47所示。例如，从100%的显示比例放大到200%、300%、400%。

图2-47

2.3.3 缩小显示图像

缩小显示图像，一方面可以用有限的屏幕空间显示出更多的图像；另一方面可以看到一个较大图像的全貌。

选择"缩放"工具 🔍，在图像中鼠标光标变为放大工具图标 🔍，按住Alt键不放，光标变为缩小工具图标 🔍。每单击一次鼠标，图像将缩小显示一级。缩小显示后效果如图2-48所示。按Ctrl+—组合键，可逐次缩小图像，如图2-49所示。

也可在缩放工具属性栏中单击"缩小工具"按钮 🔍，如图2-50所示，光标变为缩小工具图标 🔍，每单击一次鼠标，图像将缩小显示一级。

图2-48 图2-49

图2-50

2.3.4 全屏显示图像

若将图像窗口放大到填满整个屏幕，可以在缩放工具的属性栏中单击"适合屏幕"按钮 适合屏幕 ，再勾选"调整窗口大小以满屏显示"选项，如图2-51所示。这样在放大图像时，窗口就会和屏幕的尺寸相适应，效果如图2-52所示。单击"100%"按钮 100% ，图像将以实际像素比例显示。单击"填充屏幕"按钮 填充屏幕 ，缩放图像以适合屏幕。

图2-51

图2-52

2.3.5 图像窗口显示

当打开多个图像文件时，会出现多个图像文

件窗口，这就需要对窗口进行布置和摆放。

同时打开多幅图像，如图2-53所示。按Tab
键，关闭操作界面中的工具箱和控制面板，如图
2-54所示。

图2-53

图2-54

选择"窗口 > 排列 > 全部垂直拼贴"命令，
图像的排列效果如图2-55所示。选择"窗口 > 排
列 > 全部水平拼贴"命令，图像的排列效果如图
2-56所示。

图2-55

图2-56

选择"窗口 > 排列 > 双联水平"命令，图
像的排列效果如图2-57所示。选择"窗口 > 排
列 > 双联垂直"命令，图像的排列效果如图
2-58所示。

图2-57

图2-58

选择"窗口 > 排列 > 三联水平"命令，
图像的排列效果如图2-59所示。选择"窗口 >
排列 > 三联垂直"命令，图像的排列效果如图
2-60所示。

图2-59

图2-60

选择"窗口 > 排列 > 三联堆积"命令，图像的排列效果如图2-61所示。选择"窗口 > 排列 > 四联"命令，图像的排列效果如图2-62所示。

选择"窗口 > 排列 > 将所有内容合并到选项卡中"命令，图像的排列效果如图2-63所示。选择"窗口 > 排列 > 在窗口中浮动"命令，图像的排列效果如图2-64所示。

图2-61

图2-62

图2-63

图2-64

选择"窗口 > 排列 > 使所有内容在窗口中浮动"命令，图像的排列效果如图2-65所示。选择"窗口 > 排列 > 层叠"命令，图像的排列效果与图2-65所示相同。选择"窗口 > 排列 > 平铺"命令，图像的排列效果如图2-66所示。

图2-65

图2-68

图2-66

图2-69

"匹配缩放"命令可以将所有窗口都匹配到与当前窗口相同的缩放比例。如图2-67所示，将01素材图片放大到50%显示，再选择"窗口 > 排列 > 匹配缩放"命令，所有图像窗口都将以50%显示图像，如图2-68所示。

"匹配位置"命令可以将所有窗口都匹配到与当前窗口相同的显示位置。如图2-69所示，调整图像的显示位置，选择"窗口 > 排列 > 匹配位置"命令，所有图像窗口显示相同的位置，如图2-70所示。

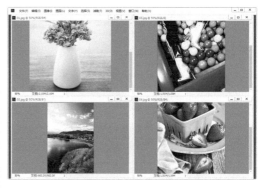

图2-70

"匹配旋转"命令可以将所有窗口的视图旋转角度都匹配到与当前窗口相同。在工具箱中选择"旋转视图"工具 ，将01素材图片的视图旋转，如图2-71所示。选择"窗口 > 排列 > 匹配旋转"命令，所有图像窗口都以相同的角度旋转，如图2-72所示。

图2-67

图2-71

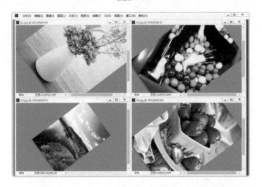

图2-72

"全部匹配"命令是将所有窗口的缩放比例、图像显示位置、画布旋转角度与当前窗口进行匹配。

2.3.6　观察放大图像

选择"抓手"工具 ✋，在图像中鼠标光标变为 🖐 形状，按住鼠标拖曳图像，可以观察图像的每个部分，如图2-73所示。直接按住鼠标拖曳图像周围的垂直和水平滚动条，也可观察图像的每个部分，如图2-74所示。如果正在使用其他的工具进行工作，按住Spacebar（空格）键，可以快速切换到"抓手"工具 ✋。

图2-73　　　　　　　图2-74

2.4　标尺、参考线和网格线的设置

标尺、参考线和网格线的设置可以使图像处理更加精确。实际设计任务中的许多问题，都需要使用标尺、参考线和网格线来解决。

2.4.1　标尺的设置

设置标尺可以精确地编辑和处理图像。选择"编辑 > 首选项 > 单位与标尺"命令，弹出相应的对话框，如图2-75所示。

单位：用于设置标尺和文字的显示单位，有不同的显示单位供选择。

列尺寸：用列来精确确定图像的尺寸。

点/派卡大小：与输出有关。

选择"视图 > 标尺"命令，可以将标尺显示或隐藏，如图2-76和图2-77所示。

图2-75

图2-76

图2-77

将鼠标光标放在标尺的x轴和y轴的0点处，如图2-78所示。单击并按住鼠标不放，向右下方拖曳鼠标到适当的位置，如图2-79所示，释放鼠标，标尺的x轴和y轴的0点就变为鼠标移动后的位置，如图2-80所示。

图2-78

图2-79

图2-80

2.4.2 参考线的设置

设置参考线：将鼠标光标放在水平标尺上，按住鼠标不放，向下拖曳出水平的参考线，如图2-81所示。将鼠标光标放在垂直标尺上，按住鼠标不放，向右拖曳出垂直的参考线，如图2-82所示。

图2-81

图2-82

显示或隐藏参考线：选择"视图 > 显示 > 参考线"命令，可以显示或隐藏参考线。此命令只在存在参考线的前提下才能应用。

移动参考线：选择"移动"工具 ＋，，将光标放在参考线上，光标变为 ╫ 时，按住鼠标拖曳，可以移动参考线。

锁定、清除、新建参考线：选择"视图 > 锁定参考线"命令或按Alt +Ctrl+；组合键，可以将参考线锁定，参考线锁定后将不能移动。选择"视图 > 清除参考线"命令，可以将参考线清除。选择"视图 > 新建参考线"命令，弹出"新建参考线"对话框，如图2-83所示，设定后单击"确定"按钮，图像中出现新建的参考线。

图2-83

2.4.3 网格线的设置

选择"编辑 > 首选项 > 参考线、网格和切片"命令，弹出相应的对话框，如图2-84所示。

图2-84

参考线： 用于设定参考线的颜色和样式。

网格： 用于设定网格的颜色、样式、网格线间隔和子网格等。

切片： 用于设定切片的颜色和显示切片的编号。

路径： 用于设定路径的选定颜色。

选择"视图 > 显示 > 网格"命令，可以显示

或隐藏网格，如图2-85和图2-86所示。

图2-85　　　　　　　　图2-86

2.5　图像和画布尺寸的调整

根据制作过程中不同的需求，可以随时调整图像与画布的尺寸。

2.5.1　图像尺寸的调整

打开一幅图像，选择"图像 > 图像大小"命令，弹出"图像大小"对话框，如图2-87所示。

图2-87

图像大小： 通过改变"宽度""高度"和"分辨率"选项的数值，改变图像的文档大小，图像的尺寸也相应改变。

缩放样式❖： 选择此选项后，若在图像操作中添加了图层样式，可以在调整大小时自动缩放样式大小。

尺寸： 指沿图像的宽度和高度的总像素数，单击尺寸右侧的☑按钮，可以改变计量单位。

调整为： 选取预设以调整图像的大小。

约束比例🔗： 单击"宽度"和"高度"选项，左侧出现锁链标志🔗，表示改变其中一项设置时，两项会成比例地同时改变。

分辨率： 指位图图像中的细节精细度，计量单位是像素/英寸（ppi）。每英寸的像素越多，分辨率越高。

重新采样： 不勾选此复选框，尺寸的数值将不会改变，"宽度""高度"和"分辨率"选项

左侧将出现锁链标志，改变数值时三项会同时改变，如图2-88所示。

图2-88

在"图像大小"对话框中可以改变选项数值的计量单位，在选项右侧的下拉列表中进行选择，如图2-89所示。单击"调整为"选项右侧的下拉选项，在弹出的下拉菜单中选择"自动分辨率"命令，弹出"自动分辨率"对话框，系统将自动调整图像的分辨率和品质效果，如图2-90所示。

图2-89

图2-90

2.5.2　画布尺寸的调整

图像画布尺寸的大小是指当前图像周围的工作空间的大小。选择"图像 > 画布大小"命令，弹出"画布大小"对话框，如图2-91所示。

图2-91

当前大小： 显示的是当前文件的大小和尺寸。

新建大小： 用于重新设定图像画布的大小。

定位： 用于调整图像在新画面中的位置，可偏左、居中或在右上角等，如图2-92所示。

图2-92

设置不同的调整方式，图像调整后的效果如图2-93所示。

图2-93

画布扩展颜色：在此选项的下拉列表中，可以选择填充图像周围扩展部分的颜色。在列表中可以选择前景色、背景色或Photoshop CC中的默认颜色，也可以自己调整所需颜色。

在对话框中进行设置，如图2-94所示，单击"确定"按钮，效果如图2-95所示。

图2-94

图2-95

2.6 设置绘图颜色

在Photoshop CC中可以使用"拾色器"对话框、"颜色"控制面板和"色板"控制面板对图像进行色彩的设置。

2.6.1 使用"拾色器"对话框设置颜色

单击工具箱中的"设置前景色/设置背景色"图标，弹出"拾色器"对话框，如图2-96所示，用鼠标在颜色色带上单击或拖曳两侧的三角形滑块，可以使颜色的色相产生变化。

图2-96

左侧的颜色选择区：可以选择颜色的明度和饱和度，垂直方向表示的是明度的变化，水平方向表示的是饱和度的变化。

右侧上方的颜色框：显示所选择的颜色，下方是所选颜色的HSB、RGB、CMYK和Lab值，选择好颜色后，单击"确定"按钮，所选择的颜色将变为工具箱中的前景色或背景色。

右侧下方的数值框：可以输入HSB、RGB、CMYK、Lab的颜色值，以得到希望的颜色。

只有Web颜色：勾选此复选框，颜色选择区中出现供网页使用的颜色，如图2-97所示，在右侧的数值框 # 000000 中，显示的是网页颜色的数值。

图2-97

在"拾色器"对话框中单击 色库 按钮，弹出"颜色库"对话框，如图2-98所示。在对话框中，"色库"下拉菜单中是一些常用的印刷颜色体系，如图2-99所示，其中"TRUMATCH"是为印刷设计提供服务的印刷颜色体系。

图2-98

图2-99

在"颜色库"对话框中，单击或拖曳颜色色相区域内两侧的三角形滑块，可以使颜色的色相产生变化。在颜色选择区中选择带有编码的颜色，在对话框的右侧上方颜色框中会显示出所选择的颜色，右侧下方是所选择颜色的色值。

2.6.2　使用"颜色"控制面板设置颜色

选择"窗口 > 颜色"命令，弹出"颜色"控制面板，如图2-100所示，可以改变前景色和背景色。

单击左侧的设置前景色或设置背景色图标，确定所调整的是前景色还是背景色，拖曳三角滑块或在色带中选择所需的颜色，或直接在颜色的数值框中输入数值调整颜色。

单击"颜色"控制面板右上方的 ≡ 图标，弹出下拉命令菜单，如图2-101所示，此菜单用于设定"颜色"控制面板中显示的颜色模式，可以在不同的颜色模式中调整颜色。

图2-100　　　　　图2-101

2.6.3　使用"色板"控制面板设置颜色

选择"窗口 > 色板"命令，弹出"色板"控制面板，如图2-102所示，可以用来选取一种颜色来改变前景色或背景色。单击"色板"控制面板右上方的 ≡ 图标，弹出下拉命令菜单，如图2-103所示。

图2-102　　　　　　图2-103

新建色板： 用于新建一个色板。

小型缩览图： 可使控制面板显示最小型图标。

小\大缩览图： 可使控制面板显示为小\大图标。

小\大列表： 可使控制面板显示为小\大列表。

显示最近颜色： 可显示最近使用的颜色。

预设管理器： 用于对色板中的颜色进行管理。

复位色板： 用于恢复系统的初始设置状态。

载入色板： 用于向"色板"控制面板中增加色板文件。

存储色板： 用于将当前"色板"控制面板中的色板文件存入硬盘。

存储色板以供交换： 用于将当前"色板"控制面板中的色板文件存入硬盘并供交换使用。

替换色板： 用于替换"色板"控制面板中现有的色板文件。

"ANPA颜色"选项以下都是配置的颜色库。

在"色板"控制面板中，将鼠标光标移到

空白处，光标变为油漆桶形状，如图2-104所示，此时单击鼠标，弹出"色板名称"对话框，如图2-105所示，单击"确定"按钮，即可将当前的前景色添加到"色板"控制面板中，如图2-106所示。

图2-104

图2-105

图2-106

在"色板"控制面板中，将鼠标光标移到色标上，光标变为吸管形状，如图2-107所示，此时单击鼠标，将设置吸取的颜色为前景色，如图2-108所示。

图2-107　　　　　　图2-108

2.7 图层的基本操作

使用图层可在不影响图像中其他图像元素的情况下处理某一图像元素。可以将图层想象成一张张叠起来的硫酸纸。透过图层的透明区域可以看到下面的图层。通过更改图层的顺序和属性改变图像的合成。图像效果如图2-109所示，其图层原理如图2-110所示。

图2-109

图2-110

2.7.1 控制面板

"图层"控制面板列出了图像中的所有图层、组和图层效果，如图2-111所示。可以使用"图层"控制面板来搜索图层、显示和隐藏图层、创建新图层以及处理图层组，还可以在"图层"控制面板的弹出式菜单中设置其他命令和选项。

图2-111

图层搜索功能： 在 ⌕ 类型 ▽ 框中可以选取8种不同的搜索方式。

类型： 可以通过单击"像素图层"按钮 ▣、"调整图层"按钮 ◉、"文字图层"按钮 T、"形状图层"按钮 � 和"智能对象"按钮 ▣ 来搜索需要的图层类型。

名称： 可以通过在右侧的框中输入图层名称来搜索图层。

效果： 通过图层应用的图层样式来搜索图层。

模式： 通过图层设定的混合模式来搜索图层。

属性： 通过图层的可见性、锁定、链接、混合和蒙版等属性来搜索图层。

颜色： 通过不同的图层颜色来搜索图层。

智能对象： 通过图层中不同智能对象的链接方式来搜索图层。

选定： 通过选定的图层来搜索图层。

画板： 通过画板来搜索图层。

图层的混合模式 正常 ▽：用于设定图层的混合模式，共包含有27种混合模式。

不透明度： 用于设定图层的不透明度。

填充： 用于设定图层的填充百分比。

眼睛图标 ◉： 用于打开或隐藏图层中的内容。

锁链图标 ⊖⊙： 表示图层与图层之间的链接关系。

图标 T： 表示此图层为可编辑的文字层。

图标 fx： 表示为图层添加了样式。

在"图层"控制面板的上方有5个工具图标，如图2-112所示。

锁定： ▣ ✎ ✛ ☐ ⌂

图2-112

锁定透明像素 ▣： 用于锁定当前图层中的透

明区域，使透明区域不能被编辑。

锁定图像像素 ✎： 使当前图层和透明区域不能被编辑。

锁定位置 ✛： 使当前图层不能被移动。

防止在画板内外自动嵌套 ☐： 锁定画板在画布上的位置，阻止在画板内部或外部自动嵌套。

锁定全部 ⌂： 使当前图层或序列完全被锁定。

在"图层"控制面板的下方有7个工具按钮图标，如图2-113所示。

⊖⊙ fx ▣ ◉ ☐ ☐ 🗑

图2-113

链接图层 ⊖⊙： 使所选图层和当前图层成为一组，当对一个链接图层进行操作时，将影响一组链接图层。

添加图层样式 fx： 为当前图层添加图层样式效果。

添加蒙版 ▣： 将在当前层上创建一个蒙版。在图层蒙版中，黑色代表隐藏图像，白色代表显示图像。可以使用画笔等绘图工具对蒙版进行绘制，还可以将蒙版转换成选择区域。

创建新的填充或调整图层 ◉： 可对图层进行颜色填充和效果调整。

创建新组 ☐： 用于新建一个文件夹，可在其中放入图层。

创建新图层 ☐： 用于在当前图层的上方创建一个新层。

删除图层 🗑： 可以将不需要的图层拖曳到此处进行删除。

2.7.2 面板菜单

单击"图层"控制面板右上方的 ≡ 图标，弹出命令菜单，如图2-114所示。

新建图层...	Shift+Ctrl+N
复制CSS	
复制SVG	
复制图层(D)...	
删除图层	
删除隐藏图层	
快速导出为PNG	Shift+Ctrl+'
导出为...	Alt+Shift+Ctrl+'
新建组(G)...	
从图层新建组(A)...	
折叠所有组	
新建画板...	
来自图层组的画板...	
来自图层的画板...	
锁定图层(L)...	Ctrl+/
转换为智能对象(M)	
编辑内容	
混合选项...	
编辑调整...	
创建剪贴蒙版(C)	Alt+Ctrl+G
链接图层(K)	
选择链接图层(S)	
向下合并(E)	Ctrl+E
合并可见图层(V)	Shift+Ctrl+E
拼合图像(F)	
动画选项	▶
面板选项...	
关闭	
关闭选项卡组	

图2-114

2.7.3　新建图层

1.使用控制面板弹出式菜单

单击"图层"控制面板右上方的≡图标，弹出面板菜单，选择"新建图层"命令，弹出"新建图层"对话框，如图2-115所示。

图2-115

名称：用于设定新图层的名称。

使用前一图层创建剪贴蒙版：勾选此项可以与前一图层创建剪贴蒙版。

颜色：用于设定新图层的颜色。

模式：用于设定当前图层的合成模式。

不透明度：用于设定当前图层的不透明度值。

2.使用控制面板按钮或快捷键

单击"图层"控制面板下方的"创建新图层"按钮，可以创建一个新图层。按住Alt键的同时，单击"创建新图层"按钮，将弹出"新建图层"对话框，创建一个新图层。

3.使用"图层"菜单命令或快捷键

选择"图层 > 新建 > 图层"命令，弹出"新建图层"对话框。按Shift+Ctrl+N组合键，也可以弹出"新建图层"对话框，创建一个新图层。

2.7.4　复制图层

1.使用控制面板弹出式菜单

单击"图层"控制面板右上方的≡图标，弹出面板菜单，选择"复制图层"命令，弹出"复制图层"对话框，如图2-116所示。

图2-116

为：用于设定复制层的名称。

文档：用于设定复制层的文件来源。

2.使用控制面板按钮

将需要复制的图层拖曳到控制面板下方的"创建新图层"按钮上，可以将所选的图层复制为一个新图层。

3.使用菜单命令

选择"图层 > 复制图层"命令，弹出"复制图层"对话框，复制图层。

4.使用鼠标拖曳的方法复制不同图像之间的图层

打开目标图像和需要复制的图像，将需要

复制的图像中的图层直接拖曳到目标图像的图层中，图层复制完成。

2.7.5 删除图层

1.使用控制面板弹出式菜单

单击"图层"控制面板右上方的 ≡ 图标，弹出面板菜单，选择"删除图层"命令，弹出提示对话框，如图2-117所示，单击"是"按钮，删除图层。

图2-117

2.使用控制面板按钮

选中要删除的图层，单击"图层"控制面板下方的"删除图层"按钮 🗑，即可删除图层。将需要删除的图层直接拖曳到"删除图层"按钮 🗑 上，也可以删除图层。

3.使用菜单命令

选择"图层 > 删除 > 图层"命令，即可删除图层。

2.7.6 图层的显示和隐藏

单击"图层"控制面板中任意图层左侧的眼睛图标 👁，可以隐藏或显示这个图层。

按住Alt键的同时，单击"图层"控制面板中任意图层左侧的眼睛图标 👁，此时，图层控制面板中将只显示这个图层，其他图层被隐藏。

2.7.7 图层的选择、链接和排列

1.选择图层

用鼠标单击"图层"控制面板中的任意一个图层，可以选择这个图层。

选择"移动"工具 ✛，用鼠标右键单击窗口中的图像，弹出一组供选择的图层选项菜单，选择所需要的图层即可。

2.链接图层

当要同时对多个图层中的图像进行操作时，可以将多个图层进行链接，方便操作。选中要链接的图层，如图2-118所示，单击"图层"控制面板下方的"链接图层"按钮 ∞，选中的图层被链接，如图2-119所示。再次单击"链接图层"按钮 ∞，可取消链接。

图2-118   图2-119

3.排列图层

单击"图层"控制面板中的任意图层并按住鼠标不放，拖曳鼠标可将其调整到其他图层的上方或下方。

选择"图层 > 排列"命令，弹出"排列"命令的子菜单，选择其中的排列方式即可。

> 🔍 提示
>
> 按Ctrl+ [组合键，可以将当前图层向下移动一层；按Ctrl+] 组合键，可以将当前图层向上移动一层；按Shift+Ctrl+ [组合键，可以将当前图层移动到除了背景图层以外的所有图层的下方；按Shift +Ctrl+] 组合键，可以将当前图层移动到所有图层的上方。背景图层不能随意移动，可以将其转换为普通图层后再移动。

2.7.8 合并图层

"向下合并"命令用于向下合并图层。单击

"图层"控制面板右上方的 ≡ 图标，在弹出的菜单中选择"向下合并"命令，或按Ctrl+E组合键即可完成操作。

"合并可见图层"命令用于合并所有可见层。单击"图层"控制面板右上方的 ≡ 图标，在弹出的菜单中选择"合并可见图层"命令，或按Shift+Ctrl+E组合键即可完成操作。

"拼合图像"命令用于合并所有的图层。单击"图层"控制面板右上方的 ≡ 图标，在弹出的菜单中选择"拼合图像"命令即可完成操作。

2.7.9 图层组

当编辑多层图像时，为了方便操作，可以将多个图层建立在一个图层组中。单击"图层"控制面板右上方的 ≡ 图标，在弹出的菜单中选择"新建组"命令，弹出"新建组"对

图2-120

话框，单击"确定"按钮，新建一个图层组，如图2-120所示。选中要放置到组中的多个图层，如图2-121所示。将其拖曳到图层组中，选中的图层被放置在图层组中，如图2-122所示。

图2-121   图2-122

> **🔍 提示**
>
> 单击"图层"控制面板下方的"创建新组"按钮▢，或选择"图层 > 新建 > 组"命令，可以新建图层组。还可选中要放置在图层组中的所有图层，按Ctrl+G组合键，自动生成新的图层组。

在绘制和编辑图像的过程中，经常会错误地执行一个步骤或对制作的一系列效果不满意。当希望恢复到前一步或原来的图像效果时，可以使用恢复操作命令。

2.8.1 恢复到上一步的操作

在编辑图像的过程中可以随时将操作返回到上一步，也可以将图像还原到恢复前的效果。选择"编辑 > 还原"命令，或按Ctrl+Z组合键，可以恢复到图像的上一步操作。如果想将图像还原到恢复前的效果，再按Ctrl+Z组合键即可。

2.8.2 中断操作

当Photoshop CC正在进行图像处理时，如果想中断正在进行的操作，可以按Esc键。

2.8.3 恢复到操作过程的任意步骤

"历史记录"控制面板可以将进行过多次处理操作的图像恢复到任一步操作时的状态，即

所谓的"多次恢复功能"。选择"窗口 > 历史记录"命令，弹出"历史记录"控制面板，如图2-123所示。

图2-123

控制面板下方的按钮从左至右依次为"从当前状态创建新文档"按钮 🔖、"创建新快照"按钮 ◙ 和"删除当前状态"按钮 🗑。

单击控制面板右上方的 ≡ 图标，弹出面板菜单，如图2-124所示。

前进一步：用于将滑块向下移动一位。

后退一步：用于将滑块向上移动一位。

新建快照：用于根据当前滑块所指的操作记录建立新的快照。

删除：用于删除控制面板中滑块所指的操作记录。

图2-124

清除历史记录：用于清除控制面板中除最后一条记录外的所有记录。

新建文档：用于由当前状态或者快照建立新的文件。

历史记录选项：用于设置"历史记录"控制面板。

关闭和关闭选项卡组：用于关闭"历史记录"控制面板和控制面板所在的选项卡组。

第 3 章

绘制和编辑选区

本章介绍

本章将主要介绍Photoshop CC 2018选区的概念、绘制选区的方法以及编辑选区的技巧。通过对本章的学习，读者可以学会绘制规则与不规则的选区，并对选区进行移动、反选、羽化等调整操作。

学习目标

◆ 掌握选择工具的使用方法。
◆ 熟悉选区的操作技巧。

技能目标

◆ 掌握"圣诞贺卡"的制作方法。
◆ 掌握"写真照片模板"的制作方法。

3.1 选择工具的使用

对图像进行编辑，首先要进行选择图像的操作。能够快捷、精确地选择图像是提高处理图像效率的关键。

3.1.1 课堂案例——制作圣诞贺卡

【案例学习目标】学习使用不同的选取工具选择不同外形的图像，并应用移动工具将其合成一张卡片图像。

【案例知识要点】使用磁性套索工具抠出礼物盒图像，使用魔棒工具抠出文字，使用自由变换工具调整图像大小，使用复制命令复制图层，最终效果如图3-1所示。

【效果所在位置】Ch03/效果/制作圣诞贺卡.psd。

图3-1

（1）按Ctrl+O组合键，打开本书学习资源中的"Ch03 > 素材 > 制作圣诞贺卡 > 01、02"文件，01文件如图3-2所示。选择"磁性套索"工具 ，在02图像窗口中沿着礼物盒边缘拖曳鼠标绘制选区，"磁性套索"工具的磁性轨迹会紧贴图像的轮廓，使图像周围生成选区，如图3-3所示。

图3-2　　　　　　　图3-3

（2）选择"移动"工具 ，将选区中的图像拖曳到01图像窗口中适当的位置，效果如图3-4所示，在"图层"控制面板中生成新的图层并将其命名为"礼物"。按Ctrl+T组合键，在图像周围出现变换框，按住Alt+Shift组合键的同时，向内拖曳右上角的控制手柄等比例缩小图片，如图3-5所示，拖曳到适当的位置，按Enter键确认操作，效果如图3-6所示。按住Alt键的同时，水平向右拖曳礼物图片到适当的位置，复制礼物图片，效果如图3-7所示。

图3-4　　　　　　　图3-5

图3-6　　　　　　　图3-7

（3）按Ctrl+T组合键，在图像周围出现变换框，按住Alt+Shift组合键的同时，向内拖曳右上角的控制手柄等比例缩小图片，效果如图3-8所示。在变换框中单击鼠标右键，在弹出的菜单中选择"水平翻转"命令，水平翻转图片，按Enter键确认操作，效果如图3-9所示。

图3-8　　　　　　　图3-9

（4）按Ctrl+O组合键，打开本书学习资源中的"Ch03 > 素材 > 制作圣诞贺卡 > 03"文件，选择"魔棒"工具 ，在属性栏中将"容差"选项设为32，取消选择"连续"复选项，在图像窗口中的深灰色背景区域单击鼠标左键，图像周围生成选区，如图3-10所示。按Shift+Ctrl+I组合键，将选区反选，如图3-11所示。选择"移动"工具 ，将选区中的图像拖曳到01图像窗口中适当的位置并调整其大小，效果如图3-12所示。

图3-10　　　　图3-11　　　　　图3-12

（5）单击"图层"控制面板下方的"添加图层样式"按钮 *fx.*，在弹出的菜单中选择"投影"命令，在弹出的对话框中进行设置，如图3-13所示，单击"确定"按钮，效果如图3-14所示。

图3-13

图3-14

（6）将前景色设为白色。选择"横排文字"工具 *T.*，在适当的位置输入需要的文字并选取文字，在属性栏中选择合适的字体并设置大小，效果如图3-15所示，在"图层"控制面板中生成文字图层。选择"窗口 > 字符"命令，弹出"字符"控制面板，选项的设置如图3-16所示，按Enter键确认操作，效果如图3-17所示。

图3-15　　　　图3-16　　　　图3-17

（7）单击"图层"控制面板下方的"添加图层样式"按钮 *fx.*，在弹出的菜单中选择"斜面和浮雕"命令，在弹出的对话框中进行设置，如图3-18所示。选择"投影"选项，弹出相应的对话框，选项的设置如图3-19所示，单击"确定"按钮，效果如图3-20所示。圣诞贺卡制作完成，效果如图3-21所示。

图3-18

图3-19

图3-20　　　　　　　　　图3-21

3.1.2　选框工具

使用矩形选框工具可以在图像或图层中绘制矩形选区。

选择"矩形选框"工具 □.，或反复按Shift+M组合键，其属性栏状态如图3-22所示。

图3-22

新选区 ⬚：去除旧选区，绘制新选区。

添加到选区 ⬚：在原有选区的上面增加新的选区。

从选区减去 ⬚：在原有选区上减去新选区的部分。

与选区交叉 ⬚：选择新旧选区重叠的部分。

羽化：用于设定选区边界的羽化程度。

消除锯齿：用于清除选区边缘的锯齿。

样式：用于选择类型。

选择"矩形选框"工具 ⬚，在图像窗口中适当的位置单击并按住鼠标不放，向右下方拖曳鼠标绘制选区，松开鼠标，矩形选区绘制完成，如图3-23所示。按住Shift键的同时，在图像窗口中可以绘制出正方形选区，如图3-24所示。

图3-23　　　　　　　　图3-24

在属性栏中选择"样式"选项下拉列表中的"固定比例"，将"宽度"选项设为1，"高度"选项设为3，如图3-25所示。在图像中绘制固定比例的选区，效果如图3-26所示。单击"高度和宽度互换"按钮 ⇄，可以快速地将宽度和高度比的数值互换，互换后绘制的选区效果如图3-27所示。

图3-25

图3-26　　　　　　　　图3-27

在属性栏中选择"样式"选项下拉列表中的"固定大小"，在"宽度"和"高度"选项中输

入数值，单位只能是像素，如图3-28所示。绘制固定大小的选区，效果如图3-29所示。单击"高度和宽度互换"按钮 ⇄，可以快速地将宽度和高度的数值互换，互换后绘制的选区效果如图3-30所示。

图3-28

图3-29　　　　　　　　图3-30

因"椭圆选框"工具的应用与"矩形选框"工具基本相同，这里就不再赘述。

3.1.3　套索工具

使用套索工具可以在图像或图层中绘制不规则形状的选区，选取不规则形状的图像。

选择"套索"工具 ⬚，或反复按Shift+L组合键，其属性栏状态如图3-31所示。

图3-31

选择"套索"工具 ⬚，在图像中适当的位置单击并按住鼠标不放，拖曳鼠标在图像上进行绘制，如图3-32所示，松开鼠标，选择区域自动封闭生成选区，效果如图3-33所示。

图3-32　　　　　　　　图3-33

3.1.4　魔棒工具

魔棒工具可以用来选取图像中的某一点，并将与这一点颜色相同或相近的点自动融入选区中。

选择"魔棒"工具 ✎，或反复按Shift+W组合键，其属性栏状态如图3-34所示。

图3-34

取样大小：用于设置取样范围的大小。

容差：用于控制色彩的范围，数值越大，可容许的颜色范围越大。

连续：用于选择单独的色彩范围。

对所有图层取样：用于将所有可见层中颜色容许范围内的色彩加入选区。

选择"魔棒"工具 ✎，在图像中单击需要选择的颜色区域，即可得到需要的选区，如图3-35所示。将"容差"选项设为100，再次单击需要选择的区域，生成选区，效果如图3-36所示。

图3-35　　　　　图3-36

3.2　选区的操作技巧

建立选区后，可以对选区进行一系列的操作，如移动选区、调整选区、羽化选区等。

3.2.1　课堂案例——制作写真照片模板

【案例学习目标】学习使用调整选区属性制作照片模板。

【案例知识要点】使用载入选区命令、矩形选区工具、填充命令和删除命令制作虚框，使用矩形选框工具、移动工具和创建剪贴蒙版命令制作照片效果，最终效果如图3-37所示。

【效果所在位置】Ch03/效果/制作写真照片模板.psd。

图3-37

（1）按Ctrl+O组合键，打开本书学习资源中的"Ch03 > 素材 > 制作写真照片模板 > 01、02"文件，01文件如图3-38所示。选择"移动"工具

⊕，将02图片拖曳到01图像窗口中适当的位置，效果如图3-39所示，在"图层"控制面板中生成新的图层并将其命名为"人物"。

图3-38

图3-39

（2）按住Ctrl键的同时，单击"人物"图层的缩览图，如图3-40所示，图像周围生成选区，如图3-41所示。

图3-40

图3-41

（3）新建图层并将其命名为"虚框"。将前景色设为白色。按Alt+Delete组合键，用前景色填充选区。按Ctrl+D组合键，取消选区，效果如图3-42所示。选择"矩形选框"工具 □，在属性栏中将"羽化"选项设为20像素，在图像窗口中绘制羽化的选区，如图3-43所示。

图3-42

图3-43

（4）按两次Delete键，删除选区中的图像，效果如图3-44所示。新建图层并将其命名为"矩形"。选择"矩形选框"工具 □，在属性栏中将"羽化"选项设为0像素，在图像窗口中绘制选区，如图3-45所示。

图3-44

图3-45

（5）按Alt+Delete组合键，用前景色填充选区。按Ctrl+D组合键，取消选区，效果如图3-46所示。按Ctrl＋O组合键，打开本书学习资源中的"Ch03 > 素材 > 制作写真照片模板 > 03"文件。选择"移动"工具 ⊕，将03图片拖曳到01图像窗口中适当的位置，效果如图3-47所示，在"图层"控制面板中生成新的图层并将其命名为"照片1"。按Alt+Ctrl+G组合键，创建剪贴蒙版，图像效果如图3-48所示。

图3-46

图3-47

图3-48

（6）单击"图层"控制面板下方的"创建新的填充或调整图层"按钮 ●，在弹出的菜单中选择"黑白"命令，在"图层"控制面板生成"黑白1"图层，同时弹出"黑白"面板，单击 按钮，其他选项的设置如图3-49所示，按Enter键确认操作，图像效果如图3-50所示。

图3-49

图3-50

（7）按住Shift键的同时，单击"矩形"图层，将需要的图层同时选取，如图3-51所示。按住Alt键的同时，在图像窗口中将选取的图层图像拖曳到适当的位置，效果如图3-52所示。按住Ctrl键的同时，将需要的图层同时选取，如图3-53所示。按Delete键，删除选取的图层，图像效果如图3-54所示。

图3-51

图3-52

图3-53

图3-54

（8）按Ctrl＋O组合键，打开本书学习资源中的"Ch03 > 素材 > 制作写真照片模板 > 04"文件。选择"移动"工具 ⊕，将04图片拖曳到01图像窗口中适当的位置，效果如图3-55所示，在"图层"控制面板中生成新的图层并将其命名为"照片2"。按Alt+Ctrl+G组合键，创建剪贴蒙版，图像效果如图3-56所示。用相同的方法制作其他图片效果，如图3-57所示。写真照片模板制作完成。

图3-55

图3-56

图3-57

3.2.2　移动选区

选择选框工具绘制选区，将鼠标光标放在选区中，光标变为 图标，如图3-58所示。按住鼠标

并进行拖曳，鼠标光标变为 图标，将选区拖曳到其他位置，如图3-59所示。松开鼠标，即可完成选区的移动，效果如图3-60所示。

图3-58

图3-59

图3-60

当使用矩形和椭圆选框工具绘制选区时，不要松开鼠标，按住Spacebar（空格）键的同时拖曳鼠标，即可移动选区。绘制出选区后，使用键盘中的方向键可以将选区沿各方向移动1个像素，使用Shift+方向组合键可以将选区沿各方向移动10个像素。

3.2.3　羽化选区

羽化选区可以使图像产生柔和的效果。

在图像中绘制选区，如图3-61所示。选择"选择 > 修改 > 羽化"命令，弹出"羽化选区"对话框，设置羽化半径的数值，如图3-62所示，单击"确定"按钮，选区被羽化。按Shift+Ctrl+I组合键，将选区反选，如图3-63所示。

在选区中填充颜色后，取消选区，效果如图3-64所示。还可以在绘制选区前在所使用工具的属性栏中直接输入羽化的数值，如图3-65所示。此时，绘制的选区自动成为带有羽化边缘的选区。

图3-61

图3-62

图3-63

图3-64

键，可以选取全部图像像素，效果如图3-66所示。

图3-66

选择"选择 > 反向"命令，或按Shift+Ctrl+I组合键，可以对当前的选区进行反向选取，反选选区前后的效果如图3-67和图3-68所示。

图3-67

图3-68

图3-65

3.2.4　取消选区

选择"选择 > 取消选择"命令，或按Ctrl+D组合键，可以取消选区。

3.2.5　全选和反选选区

选择"选择 > 全部"命令，或按Ctrl+A组合

课堂练习——制作空中楼阁

【练习知识要点】使用磁性套索工具抠出建筑物和云彩图像，使用魔棒工具抠出山脉，使用矩形选框工具和渐变工具调整山脉图像，使用收缩和羽化命令制作云彩图像虚化效果，最终效果如图3-69所示。

【效果所在位置】Ch03/效果/制作空中楼阁.psd。

图3-69

课后习题——制作果汁广告

【习题知识要点】使用魔棒工具和磁性套索工具抠出图像，使用载入选区命令、套索工具和羽化命令制作果汁投影，使用曲线调整层调整果汁颜色，使用图层样式添加橘子投影，最终效果如图3-70所示。

【效果所在位置】Ch03/效果/制作果汁广告.psd。

图3-70

第 4 章

绘制图像

本章介绍

本章主要介绍Photoshop CC画笔工具的使用方法以及填充工具的使用技巧。通过对本章的学习，读者可以用画笔工具绘制出丰富多彩的图像效果，用填充工具制作出多样的填充效果。

学习目标

◆ 了解绘图工具和历史记录画笔工具的使用方法。

◆ 掌握渐变工具和油漆桶工具的操作。

◆ 掌握填充工具和描边命令的使用方法。

技能目标

◆ 掌握"趣味音乐"的制作方法。

◆ 掌握"油画效果"的制作方法。

◆ 掌握"时钟图标"的制作方法。

◆ 掌握"沙滩插画"的制作方法。

4.1　绘图工具的使用

学会使用绘图工具是绘画和编辑图像的基础。画笔工具可以绘制出各种绘画效果。铅笔工具可以绘制出各种硬边效果的图像。

4.1.1　课堂案例——制作趣味音乐

【案例学习目标】学习使用画笔工具绘制趣味表情。

【案例知识要点】使用画笔工具绘制表情，使用横排文字工具添加文字，最终效果如图4-1所示。

【效果所在位置】Ch04/效果/制作趣味音乐.psd。

图4-1

（1）按Ctrl＋O组合键，打开本书学习资源中的"Ch04 > 素材 > 制作趣味音乐 > 01、02"文件，01文件如图4-2所示。选择"移动"工具 ✛.，将02图片拖曳到01图像窗口中适当的位置，效果如图4-3所示，在"图层"控制面板中生成新的图层并将其命名为"橙子"。

图4-2　　　　　　　图4-3

（2）新建图层并将其命名为"笑脸"。将前景色设为黑色。选择"画笔"工具 ✐.，在属性栏中单击"画笔"选项，弹出画笔选择面板，在面板中选择需要的画笔形状，设置如图4-4所示，在图像窗口中绘制表情，效果如图4-5所示。

图4-4　　　　　　　图4-5

（3）新建图层并将其命名为"投影"。选择"椭圆选框"工具 ○.，在图像窗口中绘制椭圆选区，如图4-6所示。选择"选择 > 修改 > 羽化"命令，在弹出的对话框中进行设置，如图4-7所示，单击"确定"按钮，羽化选区。按Alt+Delete组合键，用前景色填充选区。按Ctrl+D组合键，取消选区，效果如图4-8所示。将"阴影"图层拖曳到"橙子"图层的下方，图像效果如图4-9所示。

图4-6　　　　　　　图4-7

图4-8　　　　　　　图4-9

（4）用相同的方法制作如图4-10所示的效果。将前景色设为白色。选择"横排文字"工具 T，在适当的位置输入需要的文字并选取文字，在属性栏中选择合适的字体并设置文字大小，效果如图4-11所示。趣味音乐制作完成。

图4-10　　　　　　　图4-11

4.1.2　画笔工具

选择"画笔"工具 ∕，或反复按Shift+B组合键，其属性栏状态如图4-12所示。

图4-12

画笔预设：用于选择和设置预设的画笔。

模式：用于选择绘画颜色与下面现有像素的混合模式。

不透明度：可以设定画笔颜色的不透明度。

不透明度压力控制：可以对不透明度使用压力。

流量：用于设定喷笔压力，压力越大，喷色越浓。

启用喷枪模式：可以启用喷枪功能。

平滑：设置画笔边缘的平滑度。

平滑选项：设置其他平滑度选项。

绘图板压力控制：使用压感笔压力可以覆盖"画笔"面板中的"不透明度"和"大小"的设置。

选择"画笔"工具 ∕，在属性栏中设置画笔，如图4-13所示，在图像窗口中单击鼠标并按住不放，拖曳鼠标可以绘制出如图4-14所示的效果。

图4-13

图4-14

单击"画笔预设"选项，弹出如图4-15所示的画笔选择面板，可以选择画笔形状。拖曳"大小"选项下方的滑块或直接输入数值，可以设置画笔的大小。如果选择的画笔是基于样本的，将显示"恢复到原始大小"按钮，单击此按钮，可以使画笔的大小恢复到初始的大小。

单击画笔选择面板右上方的 按钮，弹出下拉菜单，如图4-16所示。

图4-15　　　　　　　图4-16

新建画笔预设：用于建立新画笔。

新建画笔组：用于建立新的画笔组。

重命名画笔：用于重新命名画笔。

删除画笔：用于删除当前选中的画笔。

画笔名称：在画笔选择面板中显示画笔名称。

画笔描边：在画笔选择面板中显示画笔描边。

画笔笔尖：在画笔选择面板中显示画笔笔尖。

显示其他预设信息：在画笔选择面板中显示

其他预设信息。

显示近期画笔：在画笔选择面板中显示近期使用的画笔。

预设管理器：用于在弹出的预置管理器对话框中编辑画笔。

恢复默认画笔：用于恢复默认状态的画笔。

导入画笔：用于将存储的画笔载入面板。

导出选中的画笔：用于将正在选取的画笔存储导出。

获取更多画笔：用于在官网上获取更多的画笔形状。

转换后的旧版工具预设：将转换后的旧版工具预设画笔恢复为画笔预设列表。

旧版画笔：将旧版的画笔集恢复为画笔预设列表。

在画笔选择面板中单击"从此画笔创建新的预设"按钮，弹出如图4-17所示的"新建画笔"对话框。单击属性栏中的"切换画笔设置面板"按钮，弹出如图4-18所示的"画笔设置"控制面板。

图4-17

图4-18

4.1.3 铅笔工具

选择"铅笔"工具，或反复按Shift+B组合键，其属性栏状态如图4-19所示。

图4-19

自动抹除：用于自动判断绘画时的起始点颜色，如果起始点颜色为背景色，则铅笔工具将以前景色绘制；如果起始点颜色为前景色，铅笔工具则会以背景色绘制。

选择"铅笔"工具，在属性栏中选择笔触大小，勾选"自动抹除"复选框，如图4-20所示，此时绘制效果与鼠标所单击的起始点颜色有关，当鼠标单击的起始点像素与前景色相同时，"铅笔"工具将行使"橡皮擦"工具的功能，以背景色绘图；如果鼠标单击的起始点颜色不是前景色，绘图时仍然会保持以前景色绘制。

图4-20

将前景色和背景色分别设定为黄色和紫色，在图像窗口中单击鼠标，画出一个黄色图形，在黄色图形上单击绘制下一个图形，用相同的方法继续绘制，效果如图4-21所示。

图4-21

4.2 应用历史记录画笔工具

历史记录画笔工具主要用于将图像恢复到以前某一历史状态，以形成特殊的图像效果。

4.2.1 课堂案例——制作油画效果

【案例学习目标】学会应用历史记录艺术画笔工具、调色命令和滤镜命令制作油画效果。

【案例知识要点】使用新建快照命令、不透明度选项和历史记录艺术画笔工具制作油画效果，使用去色命令和色相/饱和度命令调整图片的颜色，使用混合模式选项和浮雕效果滤镜命令为图片添加浮雕效果，最终效果如图4-22所示。

【效果所在位置】Ch04/效果/制作油画效果.psd。

图4-22

（1）按Ctrl＋O组合键，打开本书学习资源中的"Ch04 > 素材 > 制作油画效果 > 01"文件，如图4-23所示。选择"窗口 > 历史记录"命令，弹出"历史记录"控制面板，单击面板右上方的 ≡ 图标，在弹出的菜单中选择"新建快照"命令，弹出"新建快照"对话框，如图4-24所示，单击"确定"按钮。

图4-23

图4-24

（2）新建图层并将其命名为"黑色填充"。将前景色设为黑色。按Alt+Delete组合键，用前景色填充图层。在"图层"控制面板上方，将"黑色填充"图层的"不透明度"选项设为80%，如

图4-25所示，按Enter键确认操作，图像效果如图4-26所示。

图4-25

图4-26

（3）新建图层并将其命名为"画笔"。选择"历史记录艺术画笔"工具，单击属性栏中的"切换画笔设置面板"按钮，弹出"画笔设置"控制面板，设置如图4-27所示，在图像窗口中拖曳鼠标绘制图形，效果如图4-28所示。

图4-27

图4-28

（4）单击"黑色填充"和"背景"图层左侧的眼睛图标，将"黑色填充"和"背景"图层隐藏，观看绘制的情况，如图4-29所示。继续拖曳鼠标涂抹，直到笔刷铺满图像窗口，显示出隐藏的图层，效果如图4-30所示。

图4-29　　　　　　　图4-30

（5）选择"图像 > 调整 > 色相/饱和度"命令，在弹出的对话框中进行设置，如图4-31所示，单击"确定"按钮，效果如图4-32所示。

图4-31　　　　　　　图4-32

（6）将"画笔"图层拖曳到控制面板下方的"创建新图层"按钮 □ 上进行复制，生成新的图层"画笔拷贝"。选择"图像 > 调整 > 去色"命令，去除图像颜色，效果如图4-33所示。在"图层"控制面板上方，将"画笔拷贝"图层的混合模式选项设为"叠加"，如图4-34所示，图像效果如图4-35所示。

图4-33　　　　　　　图4-34

图4-35

（7）选择"滤镜 > 风格化 > 浮雕效果"命令，在弹出的对话框中进行设置，如图4-36所示，单击"确定"按钮，效果如图4-37所示。

图4-36　　　　　　　图4-37

（8）选择"横排文字"工具 **T.**，在图像窗口中输入需要的文字并选取文字，在属性栏中选择合适的字体并设置大小，效果如图4-38所示，在"图层"控制面板中生成新的文字图层。选择"滤镜 > 风格化 > 浮雕效果"命令，弹出提示对话框，如图4-39所示，单击"栅格化"按钮。在弹出的对话框中进行设置，如图4-40所示，单击"确定"按钮，效果如图4-41所示。油画效果制作完成。

图4-38

图4-39

图4-40　　　　　　　图4-41

4.2.2　历史记录画笔工具

历史记录画笔工具是与"历史记录"控制面板结合起来使用的，主要用于将图像的部分区域恢复到以前某一历史状态，以形成特殊的图像效果。

打开一张图片，如图4-42所示。为图片添加滤镜效果，如图4-43所示。"历史记录"控制面板如图4-44所示。

图4-42　　　　　　　　　　图4-43

图4-44

选择"椭圆选框"工具 ○ ，在属性栏中将"羽化"选项设为50，在图像上绘制椭圆选区，如图4-45所示。选择"历史记录画笔"工具 ✐ ，在"历史记录"控制面板中单击"打开"步骤左侧的方框，设置历史记录画笔的源，显示出 ✐ 图标，如图4-46所示。

图4-45　　　　　　　　　　图4-46

用"历史记录画笔"工具 ✐ 在选区中涂抹，如图4-47所示。取消选区后效果如图4-48所示。"历史记录"控制面板如图4-49所示。

图4-47　　　　　　　　　　图4-48

图4-49

4.2.3　历史记录艺术画笔工具

历史记录艺术画笔工具和历史记录画笔工具的用法基本相同。区别在于使用历史记录艺术画笔绘图时可以产生艺术效果。

选择"历史记录艺术画笔"工具 ✐ ，其属性栏状态如图4-50所示。

图4-50

样式：用于选择一种艺术笔触。

区域：用于设置画笔绘制时所覆盖的像素范围。

容差：用于设置画笔绘制时的间隔时间。

打开一张图片，如图4-51所示。用颜色填充图像，效果如图4-52所示。"历史记录"控制面板如图4-53所示。

图4-51　　　　　　　　图4-52

图4-54

图4-55

图4-53

在"历史记录"控制面板中单击"打开"步骤左侧的方框，设置历史记录画笔的源，显示出 图标，如图4-54所示。选择"历史记录艺术画笔"工具 ，在属性栏中进行设置，如图4-55所示。

使用"历史记录艺术画笔"工具 在图像上涂抹，效果如图4-56所示。"历史记录"控制面板如图4-57所示。

图4-56　　　　　　　　图4-57

4.3　渐变工具和油漆桶工具

应用渐变工具可以创建多种颜色间的渐变效果，油漆桶工具可以改变图像的色彩，吸管工具可以吸取需要的色彩。

4.3.1　课堂案例——制作时钟图标

【案例学习目标】学习使用绘图工具和渐变工具制作时钟图标。

【案例知识要点】使用圆角矩形工具、椭圆工具、钢笔工具和直线工具绘制图标，使用渐变工具填充渐变图标，最终效果如图4-58所示。

【效果所在位置】Ch04/效果/制作时钟图标.psd。

图4-58

（1）按Ctrl＋N组合键，新建一个文件，宽度为8.5cm，高度为8.5cm，分辨率为150像素/

英寸，颜色模式为RGB，背景内容为白色，单击"确定"按钮。

（2）选择"渐变"工具，单击属性栏中的"点按可编辑渐变"按钮，弹出"渐变编辑器"对话框，在"位置"选项中分别输入0、28、67、89、100五个位置点，分别设置五个位置点颜色的RGB值为0（255、243、88）、28（230、223、73）、67（0、169、58）、89（0、114、121）、100（29、32、136），如图4-59所示，单击"确定"按钮。选中属性栏中的"角度渐变"按钮，勾选"反向"复选框，在图像窗口中从中心向左上方拖曳渐变色，图像效果如图4-60所示。

图4-59　　　　　　　　图4-60

（3）新建图层并将其命名为"底座"。选择"圆角矩形"工具，在属性栏中的"选择工具模式"选项中选择"路径"，将"半径"选项设为90像素，在图像窗口中绘制路径，如图4-61所示。按Ctrl+Enter组合键，将路径转化为选区，如图4-62所示。

图4-61　　　　　　　　图4-62

（4）选择"渐变"工具，单击属性栏中的"点按可编辑渐变"按钮，弹出"渐变编辑器"对话框，将渐变色设为从青色（其

R、G、B的值分别为84、204、255）到蓝色（其R、G、B的值分别为9、113、162），如图4-63所示，单击"确定"按钮。选中属性栏中的"径向渐变"按钮，取消勾选"反向"复选框，在选区中从左上方向右下方拖曳渐变色，取消选区后，图像效果如图4-64所示。

图4-63　　　　　　　　图4-64

（5）新建图层并将其命名为"盘面"。将前景色设为黑色。选择"椭圆"工具，在属性栏中的"选择工具模式"选项中选择"形状"，按住Shift键的同时，在图像窗口中绘制圆形，如图4-65所示。按Ctrl+J组合键，复制图形。按Ctrl+T组合键，在图形周围出现变换框，按住Alt+Shift组合键的同时，向内拖曳鼠标等比例缩小图形，按Enter键确认操作，效果如图4-66所示。

图4-65　　　　　　　　图4-66

（6）在拷贝图层上单击鼠标右键，在弹出的菜单中选择"栅格化图层"命令，栅格化图层。按住 Ctrl键的同时，单击拷贝图层的缩览图，在图形周围生成选区，如图4-67所示。选择"渐变"工具，单击属性栏中的"点按可编辑渐变"按钮

图4-67

图4-72　　　　　　　　图4-73

，弹出"渐变编辑器"对话框，将渐变色设为从浅青色（其R、G、B的值分别为226、245、253）到白色，如图4-68所示，单击"确定"按钮。在属性栏中勾选"反向"复选框，在选区中从中心向外拖曳渐变色，取消选区后，图像效果如图4-69所示。

图4-68　　　　　　　　图4-69

（7）新建图层并将其命名为"分针"。将前景色设为黑色。选择"钢笔"工具 ∅.，在属性栏中的"选择工具模式"选项中选择"形状"，在图像窗口中绘制不规则图形，如图4-70所示。用相同的方法绘制另一个图形，效果如图4-71所示。

图4-70　　　　　　　　图4-71

（8）新建图层并将其命名为"秒针"。将前景色设为青色（其R、G、B的值分别为95、206、252）。选择"直线"工具 ／.，在属性栏中的"选择工具模式"选项中选择"形状"，将"粗细"选项设为1.5像素，在图像窗口中绘制直线，效果如图4-72所示。

（9）新建图层并将其命名为"圆点"。将前景色设为黑色。选择"椭圆"工具 ○.，在属性栏中的"选择工具模式"选项中选择"形状"，按住Shift键的同时，在图像窗口中绘制圆形，如图4-73所示。

（10）新建图层并将其命名为"刻度"。将前景色设为蓝色（其R、G、B的值分别为15、133、189）。选择"直线"工具 ／.，在属性栏中的"选择工具模式"选项中选择"形状"，将"粗细"选项设为3像素，单击"路径操作"按钮 ▯.，在弹出的面板中选择"合并形状"，按住Shift键的同时，在图像窗口中绘制直线，效果如图4-74所示。时钟图标制作完成，效果如图4-75所示。

图4-74　　　　　　　　图4-75

4.3.2 油漆桶工具

选择"油漆桶"工具 ◇.，或反复按Shift+G组合键，其属性栏状态如图4-76所示。

◇. ∨ 前景 ∨　　模式：正常　　不透明度：100% ∨　　容差：32 ☑消除锯齿 ☑连续的 ☐所有图层

图4-76

前景 ∨：在其下拉列表中选择填充前景色还是图案。

／.：用于选择定义好的图案。

连续的： 用于设定填充方式。

所有图层： 用于选择是否对所有可见层进行填充。

选择"油漆桶"工具 ◇.，在其属性栏中对"容差"选项进行不同的设定，如图4-77和图4-78所示，原图像效果如图4-79所示。用油漆桶工具在图像中填充颜色，效果如图4-80和图4-81所示。

◇. ∨ 前景 ∨　　模式：正常　　不透明度：100% ∨　　容差：32 ☑消除锯齿 ☑连续的 ☐所有图层

图4-77

图4-78

图4-79 图4-80

图4-81

在属性栏中设置图案，如图4-82所示，用油漆桶工具在图像中填充图案，效果如图4-83所示。

图4-82

图4-83

4.3.3 吸管工具

选择"吸管"工具，或反复按Shift+I组合键，其属性栏状态如图4-84所示。

图4-84

选择"吸管"工具，用鼠标在图像中需要的位置单击，当前的前景色将变为吸管吸取的颜色，在"信息"控制面板中将观察到吸取颜色的色彩信息，效果如图4-85所示。

图4-85

4.3.4 渐变工具

选择"渐变"工具，或反复按Shift+G组合键，其属性栏状态如图4-86所示。

图4-86

点按可编辑渐变：用于选择和编辑渐变的色彩。

：用于选择渐变类型，包括线性渐变、径向渐变、角度渐变、对称渐变、菱形渐变。

反向：用于反向产生色彩渐变的效果。

仿色：用于使渐变更平滑。

透明区域：用于产生不透明度。

单击"点按可编辑渐变"按钮，弹出"渐变编辑器"对话框，如图4-87所示，可以自定义渐变形式和色彩。

图4-87

在"渐变编辑器"对话框中，单击颜色编辑框下方的适当位置，可以增加颜色色标，如图4-88所示。在下方的"颜色"选项中选择颜色，或双击刚建立的颜色色标，弹出"拾色器"对话框，如图4-89所示，在其中设置颜色，单击"确定"按钮，即可改变色标颜色。在"位置"选项的数值框中输入数值或用鼠标直接拖曳颜色色标，可以调整色标位置。

图4-88

图4-89

任意选择一个颜色色标，如图4-90所示，单击对话框下方的"删除"按钮 删除(D) ，或按

Delete键，可以将颜色色标删除，如图4-91所示。

图4-90

图4-91

单击颜色编辑框左上方的黑色色标，如图4-92所示，调整"不透明度"选项的数值，可以使开始的颜色到结束的颜色显示为半透明的效果，如图4-93所示。

图4-92

图4-93

单击颜色编辑框的上方，出现新的色标，如图4-94所示，调整"不透明度"选项的数值，可以使新色标的颜色向两边的颜色出现过渡式的半透明效果，如图4-95所示。

图4-94

图4-95

应用填充命令和定义图案命令可以为图像添加颜色和定义好的图案效果，应用描边命令可以为图像描边。

4.4.1 课堂案例——制作沙滩插画

【案例学习目标】学习使用填充命令制作图案背景。

【案例知识要点】使用定义图案命令和填充命令制作插画背景图案，使用移动工具和图层样式制作插画内容，最终效果如图4-96所示。

【效果所在位置】Ch04/效果/制作沙滩插画.psd。

图4-96

（1）按Ctrl＋N组合键，新建一个文件，宽度为15cm，高度为15cm，分辨率为150像素/英寸，颜色模式为RGB，背景内容为白色，单击"确定"按钮。将前景色设为橙色（其R、G、B的值分别为250、176、18）。按Alt＋Delete组合键，用前景色填充背景图层，如图4-97所示。

（2）按Ctrl＋O组合键，打开本书学习资源中的"Ch04 > 素材 > 制作沙滩插画 > 01"文件，如图4-98所示。选择"编辑 > 定义图案"命令，在弹出的对话框中进行设置，如图4-99所示，单击

"确定"按钮，定义图案。

图4-97　　　　　　　　图4-98

图4-99

（3）新建图层并将其命名为"图案"。选择新建的文档。选择"编辑 > 填充"命令，在弹出的对话框中进行设置，如图4-100所示，单击"确定"按钮，填充图案，如图4-101所示。

图4-100　　　　　　　　图4-101

（4）在"图层"控制面板上方，将该图层的"不透明度"选项设为50%，如图4-102所示，按Enter键确认操作，效果如图4-103所示。按Ctrl＋O

组合键，打开本书学习资源中的"Ch04 > 素材 > 制作沙滩插画 > 02"文件。选择"移动"工具 ⊕，将02图片拖曳到新建的图像窗口中适当的位置，效果如图4-104所示，在"图层"控制面板中生成新的图层并将其命名为"人物"。

图4-102

图4-103

图4-104

（5）单击"图层"控制面板下方的"添加图层样式"按钮 *fx.*，在弹出的菜单中选择"投影"命令，在弹出的对话框中进行设置，如图4-105所示，单击"确定"按钮，效果如图4-106所示。

图4-105

图4-106

（6）按Ctrl＋O组合键，打开本书学习资源中的"Ch04 > 素材 > 制作沙滩插画 > 03"文件。选择"移动"工具 ⊕，将03图片拖曳到新建的图像窗口中适当的位置，效果如图4-107所示，在"图层"控制面板中生成新的图层并将其命名为"文字"。

图4-107

（7）单击"图层"控制面板下方的"添加图层样式"按钮 *fx.*，在弹出的菜单中选择"描边"命令，在弹出的对话框中进行设置，如图4-108所示，单击"确定"按钮，效果如图4-109所示。沙滩插画制作完成。

图4-108

图4-109

4.4.2 填充命令

1.填充对话框

选择"编辑 > 填充"命令,弹出"填充"对话框,如图4-110所示。

图4-110

内容:用于选择填充方式,包括前景色、背景色、颜色、内容识别、图案、历史记录、黑色、50%灰色、白色。

模式:用于设置填充模式。

不透明度:用于调整不透明度。

2.填充颜色

打开一幅图像,在图像窗口中绘制出选区,如图4-111所示。选择"编辑 > 填充"命令,弹出"填充"对话框,设置如图4-112所示,单击"确定"按钮,效果如图4-113所示。

图4-111   图4-112

图4-113

🔍 提示

按Alt+Delete组合键,用前景色填充选区或图层。按Ctrl+Delete组合键,用背景色填充选区或图层。按Delete键,删除选区中的图像,露出背景色或下面的图像。

4.4.3 自定义图案

打开一幅图像,在图像窗口中绘制出选区,如图4-114所示。选择"编辑 > 定义图案"命令,弹出"图案名称"对话框,如图4-115所示,单击"确定"按钮,定义图案。按Ctrl+D组合键,取消选区。

图4-114

图4-115

选择"编辑 > 填充"命令,弹出"填充"对话框,在"自定图案"选项面板中选择新定义的图案,如图4-116所示。单击"确定"按钮,效果如图4-117所示。

图4-116   图4-117

在"填充"对话框的"模式"选项中选择不同的填充模式，如图4-118所示。单击"确定"按钮，效果如图4-119所示。

图4-118　　　　　　　图4-119

4.4.4　描边命令

1.描边对话框

选择"编辑 > 描边"命令，弹出"描边"对话框，如图4-120所示。

图4-120

描边：用于设定描边的宽度和颜色。

位置：用于设定描边相对于边缘的位置，包括内部、居中和居外3个选项。

混合：用于设置描边的模式和不透明度。

2.描边颜色

打开一幅图像，在图像窗口中绘制出选区，如图4-121所示。选择"编辑 > 描边"命令，弹出

"描边"对话框，设置如图4-122所示，单击"确定"按钮，描边选区。取消选区后，效果如图4-123所示。

图4-121　　　　　　　图4-122

图4-123

在"描边"对话框的"模式"选项中选择不同的描边模式，如图4-124所示，单击"确定"按钮，描边选区。取消选区后，效果如图4-125所示。

图4-124　　　　　　　图4-125

课堂练习——制作彩虹

【**练习知识要点**】使用渐变工具制作彩虹，使用橡皮擦工具和不透明度命令制作渐隐效果，使用混合模式改变彩虹的颜色，最终效果如图4-126所示。

【**效果所在位置**】Ch04/效果/制作彩虹.psd。

图4-126

课后习题——制作踏板车插画

【**习题知识要点**】使用矩形选框工具、定义图案命令和填充命令制作插画背景图案，最终效果如图4-127所示。

【**效果所在位置**】Ch04/效果/制作踏板车插画.psd。

图4-127

第 5 章

修饰图像

本章介绍

　　本章主要介绍Photoshop CC修饰图像的方法与技巧。通过对本章的学习，读者可以了解和掌握修饰图像的基本方法与操作技巧，应用相关工具快速地仿制图像、修复污点、消除红眼、把有缺陷的图像修复完整。

学习目标

◆ 掌握修复与修补工具的运用方法。

◆ 了解修饰工具的使用技巧。

◆ 熟悉橡皮擦工具的使用技巧。

技能目标

◆ 掌握"时尚艺术照片"的制作方法。

◆ 掌握"修复人物照片"的制作方法。

◆ 掌握"商品照片"的美化方法。

◆ 掌握"音乐卡"的制作方法。

修复与修补工具用于对图像的细微部分进行修整，是在处理图像时不可缺少的工具。

5.1.1 课堂案例——制作时尚艺术照片

【案例学习目标】学习使用修补工具和仿制图章工具制作时尚艺术照片。

【案例知识要点】使用修补工具对图像的特定区域进行修补，使用仿制图章工具修复残留的色彩偏差，使用高斯模糊命令制作模糊效果，最终效果如图5-1所示。

【效果所在位置】Ch05/效果/制作时尚艺术照片.psd。

（1）按Ctrl+O组合键，打开本书学

图5-1

习资源中的"Ch05 > 素材 > 制作时尚艺术照片 > 01"文件，如图5-2所示。按Ctrl+J组合键，复制图层，如图5-3所示。

图5-2

图5-3

（2）选择"修补"工具 ⊕，在图片中需要修复的区域绘制一个选区，如图5-4所示。将选区移动到没有缺陷的图像区域进行修补。按Ctrl+D组合键，取消选区，效果如图5-5所示。

图5-4

图5-5

（3）使用相同的方法对图像进行反复调整，效果如图5-6所示。选择"仿制图章"工具 ♣，按住Alt键的同时，单击鼠标选择取样点，在色彩有偏差的图像周围单击鼠标进行修复，效果如图5-7所示。

图5-6

图5-7

（4）按Ctrl+J组合键，复制图层，如图5-8所示。选择"滤镜 > 模糊 > 高斯模糊"命令，在弹出的对话框中进行设置，如图5-9所示，单击"确定"按钮，效果如图5-10所示。

图5-8

图5-9

图5-10

（5）在"图层"控制面板上方，将拷贝图层的混合模式选项设为"浅色"，如图5-11所示，图像效果如图5-12所示。

图5-11　　　　　　　图5-12

（6）单击"图层"控制面板下方的"创建新的填充或调整图层"按钮 ，在弹出的菜单中选择"色相/饱和度"命令，在"图层"控制面板生成"色相/饱和度1"图层，同时弹出"色相/饱和度"面板，设置如图5-13所示，按Enter键确认操作，图像效果如图5-14所示。

（7）选择"横排文字"工具 T.，在图像窗

口中输入需要的文字并选取文字，在属性栏中选择合适的字体并设置文字大小，旋转到适当的角度，效果如图5-15所示，在"图层"控制面板中生成新的文字图层。时尚艺术照片制作完成。

图5-13

图5-14　　　　　　　图5-15

5.1.2　修复画笔工具

修复画笔工具可以将取样点的像素信息非常自然地复制到图像的破损位置，并保持图像的亮度、饱和度、纹理等属性，使修复的效果更加自然逼真。

选择"修复画笔"工具 ，或反复按Shift+J组合键，其属性栏状态如图5-16所示。

图5-16

 ：可以选择和设置修复的画笔。单击此选项，在弹出的面板中可设置画笔的大小、硬度、间距、角度、圆度和压力大小，如图5-17所示。

模式：可以选择复制像素或填充图案与底图的混合模式。

源：可以设置修复区域的源。选择"取样"按钮后，按住Alt键，鼠标光标变为圆形十字图标，单击定下样本的取样点，释放鼠标，在图像中要修复的位置单击并按住鼠标不放，拖曳鼠标复制出取样点的图像；选择"图案"按钮后，在右侧的选项中选择图案或自定义图案来填充图像。

对齐：勾选此复选框，下一次的复制位置会和上次的完全重合，图像不会因为重新复制而出现错位。

打开一张图片。选择"修复画笔"工具 ✐，在适当的位置单击确定取样点，如图5-18所示，在要修复的区域单击，修复图像，如图5-19所示。用相同的方法修复其他图像，效果如图5-20所示。

图5-17

图5-18

图5-19

图5-20

单击属性栏中的"切换仿制源面板"按钮 ▣，弹出"仿制源"控制面板，如图5-21所示。

图5-21

仿制源：激活按钮后，按住Alt键的同时，使用修复画笔工具在图像中单击可以设置取样点。单击下一个仿制源按钮，可以继续取样。

源：指定x轴和y轴的像素位移，可以在相对于取样点的精确位置进行仿制。

W/H：可以缩放所仿制的源。

旋转：在文本框中输入旋转角度，可以旋转仿制的源。

翻转：单击"水平翻转"按钮 ⇋ 或"垂直翻转"按钮 ⇳，可以水平或垂直翻转仿制源。

复位变换 ↻：将W、H、角度值和翻转方向恢复到默认的状态。

显示叠加：勾选此复选框并设置了叠加方式后，在使用修复工具时，可以更好地查看叠加效果以及下面的图像。

不透明度：用来设置叠加图像的不透明度。

已剪切：可以将叠加剪切到画笔大小。

自动隐藏：可以在应用绘画描边时隐藏叠加。

反相：可以反相叠加颜色。

5.1.3　污点修复画笔工具

污点修复画笔工具的工作方式与修复画笔工具相似，使用图像中的样本像素进行绘画，并将样本像素的纹理、光照、透明度和阴影与所修复的像素相匹配。区别在于，污点修复画笔工具不需要制定样本点，将自动从所修复区域的周围取样。

选择"污点修复画笔"工具 ✐，或反复按Shift+J组合键，其属性栏状态如图5-22所示。

图5-22

选择"污点修复画笔"工具 ，在属性栏中进行设置，如图5-23所示。打开一张图片，如图5-24所示。在要修复的污点图像上拖曳鼠标，如图5-25所示，释放鼠标，污点被去除，效果如图5-26所示。

图5-23

图5-24

图5-25　　　　　　　　图5-26

5.1.4　修补工具

选择"修补"工具 ，或反复按Shift+J组合键，其属性栏状态如图5-27所示。

图5-27

打开一张图片。选择"修补"工具 ，圈选图像中的草莓，如图5-28所示。在属性栏中选中"源"按钮，在选区中单击并按住鼠标不放，拖

曳到需要的位置，如图5-29所示。释放鼠标，选区中的草莓被新位置的图像所修补，如图5-30所示。按Ctrl+D组合键，取消选区，效果如图5-31所示。

图5-28　　　　　　　　图5-29

图5-30　　　　　　　　图5-31

选择"修补"工具 ，圈选图像中的区域，如图5-32所示。在属性栏中选中"目标"按钮，将选区拖曳到要修补的图像区域，如图5-33所示。圈选的图像修补了草莓图像，如图5-34所示。按Ctrl+D组合键，取消选区，效果如图5-35所示。

图5-32　　　　　　　　图5-33

图5-34　　　　　　　　　图5-35

选择"修补"工具，圈选图像中的区域，如图5-36所示。在属性栏的选项中选择需要的图案，如图5-37所示。单击"使用图案"按钮，在选区中填充所选图案。按Ctrl+D组合键，取消选区，效果如图5-38所示。

图5-36

图5-37

图5-38

选择"修补"工具，圈选图像中的区域，如图5-39所示。选择需要的图案，勾选"透明"复选框，如图5-40所示。单击"使用图案"按钮，在选区中填充透明图案。按Ctrl+D组合键，取消选区，效果如图5-41所示。

图5-39

图5-40

图5-41

5.1.5　内容感知移动工具

内容感知移动工具可以将选中的对象移动或扩展到图像的其他区域进行重组和混合。

选择"内容感知移动"工具，或反复按Shift+J组合键，其属性栏状态如图5-42所示。

图5-42

模式：用于选择重新混合的模式。

结构：用于设置区域保留的严格程度。

投影时变换：勾选此复选框，可以在制作混合时变换图像。

打开一张图片，如图5-43所示。选择"内容感知移动"工具 ✕.，在属性栏中将"模式"选项设为"移动"，在图像窗口中单击并拖曳鼠标绘制选区，如图5-44所示。将鼠标光标放置在选区中，单击并向左下方拖曳鼠标，如图5-45所示。松开鼠标后，软件自动将选区中的图像移动到新位置，按Enter键确认操作，原位置被周围的图像自动修复，取消选区后，效果如图5-46所示。

图5-43

图5-44

图5-45

图5-46

打开一张图片，如图5-47所示。选择"内容感知移动"工具 ✕.，在属性栏中将"模式"选项设为"扩展"，在图像窗口中单击并拖曳鼠标绘制选区，如图5-48所示。将鼠标光标放置在选区中，单击并向左下方拖曳鼠标，如图5-49所示。松开鼠标后，软件自动将选区中的图像扩展复制并移动到新位置，同时出现变换框，如图5-50所示。

拖曳鼠标旋转图形，如图5-51所示，按Enter键确认操作，取消选区后，效果如图5-52所示。

图5-47

图5-48

图5-49

图5-50

图5-51

图5-52

5.1.6 红眼工具

红眼工具可以去除用闪光灯拍摄的人物照片中的红眼和白色、绿色反光。

选择"红眼"工具 ⁺₀.，或反复按Shift+J组合键，其属性栏状态如图5-53所示。

图5-58

瞳孔大小：用于设置瞳孔的大小。

变暗量：用于设置瞳孔的暗度。

打开一张人物照片，如图5-54所示。选择"红眼"工具 ，在属性栏中进行设置，如图5-55所示。在照片中瞳孔的位置单击，如图5-56所示，去除照片中的红眼，效果如图5-57所示。

（1）按Ctrl+O组合键，打开本书学习资源中的"Ch05 > 素材 > 修复人物照片 > 01"文件，如图5-59所示。按Ctrl+J组合键，复制图层。选择"缩放"工具 ，图像窗口中的鼠标光标变为放大工具图标 ，单击鼠标将图像放大，如图5-60所示。

图5-54　　　　　　图5-55

图5-59　　　　　　图5-60

（2）选择"红眼"工具 ，在属性栏中进行设置，如图5-61所示。在照片中瞳孔的位置单击，去除照片中的红眼，效果如图5-62所示。

图5-61

图5-56　　　　　　图5-57

图5-62

5.1.7　课堂案例——修复人物照片

【案例学习目标】学习使用多种修图工具修复人物照片。

【案例知识要点】使用缩放命令调整图像大小，使用仿制图章工具修复人物图像上的污点，使用模糊工具模糊图像，最终效果如图5-58所示。

【效果所在位置】Ch05/效果/修复人物照片.psd。

（3）选择"仿制图章"工具 ，在属性栏中单击"画笔"选项，弹出画笔选择面板，选择需要的画笔形状，设置如图5-63所示。将仿制图章工具放在脸部需要取样的位置，按住Alt键的同时，鼠标光标变为圆形十字图标 ，单击

图5-63

鼠标确定取样点，如图5-64所示。将鼠标光标放置在需要修复的位置，如图5-65所示，单击鼠标去掉痘痘，效果如图5-66所示。用相同的方法去除人物脸部的所有痘痘，效果如图5-67所示。

图5-64

图5-65

图5-66

图5-67

（4）选择"模糊"工具 △.，在属性栏中将"强度"选项设为100%，如图5-68所示。单击"画笔"选项，弹出画笔选择面板，选择需要的画笔形状，设置如图5-69所示。在人物脸部涂抹，让脸部图像变得自然柔和，效果如图5-70所示。人物照片修复完成。

图5-68

图5-69

图5-70

5.1.8　仿制图章工具

仿制图章工具可以以指定的像素点为复制基准点，将其周围的图像复制到其他地方。

选择"仿制图章"工具 ▲.，或反复按Shift+S组合键，其属性栏状态如图5-71所示。

图5-71

流量： 用于设定扩散的速度。

对齐： 用于控制是否在复制时使用对齐功能。

选择"仿制图章"工具 ▲.，将鼠标光标放置在图像中需要复制的位置，按住Alt键的同时，光标变为圆形十字图标⊕，如图5-72所示，单击确定取样点，释放鼠标。在适当的位置单击并按住鼠标不放，拖曳鼠标复制出取样点的图像，效果如图5-73所示。

图5-72

图5-73

5.1.9　图案图章工具

选择"图案图章"工具 ✸.，或反复按Shift+S组合键，其属性栏状态如图5-74所示。

图5-74

在要定义为图案的图像上绘制选区，如图5-75所示。选择"编辑 > 定义图案"命令，弹出"图案名称"对话框，设置如图5-76所示，单击"确定"按钮，定义选区中的图像为图案。

图5-75

图5-76

选择"图案图章"工具🖳，在属性栏中选择定义好的图案，如图5-77所示。按Ctrl+D组合键，取消选区。在适当的位置单击并按住鼠标不放，拖曳鼠标复制出定义好的图案，效果如图5-78所示。

图5-77　　　　　　　　图5-78

5.1.10　颜色替换工具

颜色替换工具能够替换图像中的特定颜色，可以使用校正颜色在目标颜色上绘画。颜色替换工具不适用于"位图""索引"或"多通道"颜色模式的图像。

选择"颜色替换"工具🖌，其属性栏状态如图5-79所示。

图5-79

打开一张图片，如图5-80所示。在"颜色"控制面板中设置前景色，如图5-81所示。在"色板"控制面板中单击"创建前景色的新色板"按钮🗔，将设置的前景色存放在控制面板中，如图5-82所示。

图5-80

图5-81　　　　　　　　图5-82

选择"颜色替换"工具🖌，在属性栏中进行设置，如图5-83所示。在图像上需要上色的区域直接涂抹进行上色，效果如图5-84所示。

图5-83

图5-84

5.2　修饰工具

修饰工具用于对图像进行修饰，使图像产生不同的变化效果。

5.2.1　课堂案例——美化商品照片

【案例学习目标】使用多种修饰工具制作装饰画。

【案例知识要点】使用锐化工具、模糊工具、加深工具和减淡工具美化商品，最终效果如图5-85所示。

【效果所在位置】Ch05/效果/美化商品照片.psd。

图5-85

（1）按Ctrl+O组合键，打开本书学习资源中的

"Ch05 > 素材 > 美化商品照片 > 01"文件，如图5-86
所示。按Ctrl+J组合键，复制图层，如图5-87所示。

图5-86　　　　　　　　图5-87

（2）选择"锐化"工具 △.，在属性栏中单击
"画笔"选项，弹出画笔选择面板，在面板中选择
需要的画笔形状，设置如图5-88所示。在脸部图像
上拖曳鼠标，锐化图像，效果如图5-89所示。用相
同的方法锐化图像的其他部分，效果如图5-90所示。

（3）选择"模糊"工具 ◌.，在属性栏中单
击"画笔"选项，弹出画笔选择面板，在面板中
选择需要的画笔形状，设置如图5-91所示。在图
像左侧适当的位置拖曳鼠标，模糊图像，效果
如图5-92所示。用相同的方法模糊图像的其他部
分，效果如图5-93所示。

图5-88　　　　　　　　图5-89

图5-90　　　　　　　　图5-91

图5-92　　　　　　　　图5-93

（4）选择"加深"工具 ◔.，在属性栏中单
击"画笔"选项，弹出画笔选择面板，在面板中
选择需要的画笔形状，设置如图5-94所示。在眼
睛和脖子处拖曳鼠标，加深图像，效果如图5-95
所示。

图5-94　　　　　　　　图5-95

（5）选择"减淡"工具 ◍.，在属性栏中
单击"画笔"选项，弹出画笔选择面板，在
面板中选择需要的画笔形状，设置如图5-96所
示。在高光处拖曳鼠标，减淡图像，效果如图
5-97所示。

图5-96　　　　　　　　图5-97

（6）单击"图层"控制面板下方的"创建
新的填充或调整图层"按钮 ◔.，在弹出的菜单中
选择"色相/饱和度"命令，在"图层"控制面板
生成"色相/饱和度1"图层，同时弹出"色相/饱
和度"面板，设置如图5-98所示，按Enter键确认

操作，图像效果如图5-99所示。

图5-98　　　　　　　　图5-99

（7）选择"横排文字"工具 **T**，在图像窗口中分别输入需要的文字并选取文字，在属性栏中分别选择合适的字体并设置文字大小，如图5-100所示，在"图层"控制面板中分别生成新的文字图层。商品照片美化完成，效果如图5-101所示。

图5-100　　　　　　　　图5-101

5.2.2　模糊工具

选择"模糊"工具 ，其属性栏状态如图5-102所示。

图5-102

强度：用于设定压力的大小。

对所有图层取样：用于确定模糊工具是否对所有可见层起作用。

选择"模糊"工具 ，在属性栏中进行设置，如图5-103所示。在图像窗口中单击并按住鼠标不放，拖曳鼠标使图像产生模糊效果。原图像和模糊后的图像效果如图5-104和图5-105

所示。

图5-103

图5-104　　　　　　　　图5-105

5.2.3　锐化工具

选择"锐化"工具 ，其属性栏状态如图5-106所示。

图5-106

选择"锐化"工具 ，在属性栏中进行设置，如图5-107所示。在图像窗口中单击并按住鼠标不放，拖曳鼠标使图像产生锐化效果。原图像和锐化后的图像效果如图5-108和图5-109所示。

图5-107

图5-108　　　　　　　　图5-109

5.2.4　涂抹工具

选择"涂抹"工具 ，其属性栏状态如图5-110所示。

图5-110

手指绘画：用于设定是否按前景色进行涂抹。

选择"涂抹"工具 ，在属性栏中进行设

置，如图5-111所示。在图像窗口中单击并按住鼠标不放，拖曳鼠标使图像产生涂抹效果。原图像和涂抹后的图像效果如图5-112和图5-113所示。

图5-111

图5-112　　　　　　图5-113

5.2.5　减淡工具

选择"减淡"工具 🔍，或反复按Shift+O组合键，其属性栏状态如图5-114所示。

图5-114

范围：用于设定图像中所要提高亮度的区域。

曝光度：用于设定曝光的强度。

选择"减淡"工具 🔍，在属性栏中进行设置，如图5-115所示。在图像窗口中单击并按住鼠标不放，拖曳鼠标使图像产生减淡效果。原图像和减淡后的图像效果如图5-116和图5-117所示。

图5-115

图5-116　　　　　　图5-117

5.2.6　加深工具

选择"加深"工具 🖐️，或反复按Shift+O组

合键，其属性栏状态如图5-118所示。

图5-118

选择"加深"工具 🖐️，在属性栏中进行设置，如图5-119所示。在图像窗口中单击并按住鼠标不放，拖曳鼠标使图像产生加深效果。原图像和加深后的图像效果如图5-120和图5-121所示。

图5-119

图5-120　　　　　　图5-121

5.2.7　海绵工具

选择"海绵"工具 🧽，或反复按Shift+O组合键，其属性栏状态如图5-122所示。

图5-122

选择"海绵"工具 🧽，在属性栏中进行设置，如图5-123所示。在图像窗口中单击并按住鼠标不放，拖曳鼠标使图像增加色彩饱和度。原图像和调整后的图像效果如图5-124和图5-125所示。

图5-123

图5-124　　　　　　图5-125

5.3 橡皮擦工具

擦除工具可以擦除指定图像的颜色，还可以擦除颜色相近区域中的图像。

5.3.1 课堂案例——制作音乐卡

【案例学习目标】学习使用绘图工具绘制图形，使用擦除工具擦除多余的图像。

【案例知识要点】使用横排文字工具添加文字，使用橡皮擦工具擦除不需要的笔画，使用矩形选框工具绘制选区，使用钢笔工具绘制装饰图形，最终效果如图5-126所示。

【效果所在位置】Ch05/效果/制作音乐卡.psd。

图5-126

（1）按Ctrl+O组合键，打开本书学习资源中的"Ch05 > 素材 > 制作音乐卡 > 01、02"文件，01文件如图5-127所示。选择"移动"工具 ，将02图片拖曳到01图像窗口中适当的位置，效果如图5-128所示，在"图层"控制面板中生成新的图层并将其命名为"人物"。

图5-127

图5-128

（2）单击"图层"控制面板下方的"创建新的填充或调整图层"按钮 ，在弹出的菜单中选择"色阶"命令，在"图层"控制面板生成"色阶1"图层，同时弹出"色阶"面板，设置如图5-129所示，按Enter键确认操作，图像效果如图5-130所示。

图5-129

图5-130

（3）单击"图层"控制面板下方的"创建新的填充或调整图层"按钮 ，在弹出的菜单中选择"色相/饱和度"命令，在"图层"控制面板生成"色相/饱和度1"图层，同时弹出"色相/饱和度"面板，设置如图5-131所示，按Enter键确认操作，图像效果如图5-132所示。

图5-131

图5-132

（4）选择"横排文字"工具 ，在适当的位置输入需要的文字并选取文字，在属性栏中选择合适的字体并设置大小，如图5-133所示，在"图层"控制面板中生成新的文字图层。在文字图层上单击鼠标右键，在弹出的菜单中选择"栅格化文字"命令，将文字图层转换为普通图层，如图5-134所示。

图5-133　　　　　　图5-134

（5）选择"橡皮擦"工具，在属性栏中单击"画笔"选项，弹出画笔选择面板，在面板中选择需要的画笔形状，设置如图5-135所示。在图像窗口中拖曳鼠标擦除文字"唱"的"口"字旁，效果如图5-136所示。

图5-135　　　　　　图5-136

（6）按住Ctrl键的同时，单击"合唱"图层缩览图，在文字周围生成选区，如图5-137所示。选择"矩形选框"工具，选中属性栏中的"与选区交叉"按钮，圈选文字"昌"生成选区，如图5-138所示。

图5-137　　　　　　图5-138

（7）按Ctrl+T组合键，在图像周围出现变换框，向右拖曳变换框右侧中间的控制手柄，变换图形，并调整其位置，按Enter键确认操作，效果如图5-139所示。按Ctrl＋D组合键，取消选区。选择"矩形选框"工具，在适当的位置绘制选

区，如图5-140所示。

图5-139　　　　　　图5-140

（8）选择"移动"工具，按住Shift键的同时，将选区中的图像拖曳到适当的位置，如图5-141所示。将前景色设为黑色。选择"横排文字"工具，在适当的位置输入需要的文字并选取文字，在属性栏中选择合适的字体并设置大小，在图像窗口中输入需要的文字，效果如图5-142所示，在"图层"控制面板中生成新的文字图层。

图5-141　　　　　　图5-142

（9）将前景色设为黄色（其R、G、B的值分别为255、255、0）。选择"钢笔"工具，在属性栏的"选择工具模式"选项中选择"形状"，在图像窗口中绘制不规则图形，如图5-143所示。音乐卡制作完成，效果如图5-144所示。

图5-143　　　　　　图5-144

5.3.2　橡皮擦工具

选择"橡皮擦"工具，或反复按Shift+E组合键，其属性栏状态如图5-145所示。

图5-145

抹到历史记录：以"历史记录"控制面板中的"源"来确定图像的擦除状态。

选择"橡皮擦"工具 ，在图像窗口中单击并按住鼠标拖曳，可以擦除图像。当图层为"背景"图层或锁定了透明区域的图层时，擦除的图像显示为背景色，效果如图5-146所示。当图层为普通层时，擦除的图像显示为透明，效果如图5-147所示。

图5-146　　　　　　　　图5-147

5.3.3　背景橡皮擦工具

选择"背景橡皮擦"工具 ，或反复按Shift+E组合键，其属性栏状态如图5-148所示。

图5-148

限制：用于选择擦除界限。

容差：用于设定容差值。

保护前景色：用于保护前景色不被擦除。

选择"背景橡皮擦"工具 ，在属性栏中进行设置，如图5-149所示。在图像窗口中擦除图像，擦除前后的对比效果如图5-150和图5-151所示。

图5-149

图5-150　　　　　　　　图5-151

5.3.4　魔术橡皮擦工具

选择"魔术橡皮擦"工具 ，或反复按Shift+E组合键，其属性栏状态如图5-152所示。

图5-152

连续：作用于当前层。

对所有图层取样：作用于所有层。

选择"魔术橡皮擦"工具 ，属性栏中的选项为默认值，在图像窗口中擦除图像，效果如图5-153所示。

图5-153

课堂练习——制作幸福生活照片

【练习知识要点】使用修补工具对图像的特定区域进行修补，使用仿制图章工具修复残留的色彩偏差，使用高斯模糊命令制作模糊效果，最终效果如图5-154所示。

【效果所在位置】Ch05/效果/制作幸福生活照片.psd。

图5-154

课后习题——制作茶杯贴图

【习题知识要点】使用加深工具、减淡工具、锐化工具和模糊工具融合图像,最终效果如图5-155所示。

【效果所在位置】Ch05/效果/制作茶杯贴图.psd。

图5-155

第 *6* 章

编辑图像

本章介绍

　　本章主要介绍Photoshop CC编辑图像的基础方法，包括应用图像编辑工具，移动、复制和删除图像，裁剪图像，变换图像等，通过对本章的学习，读者可以了解并掌握图像的编辑方法和应用技巧，从而快速地应用命令对图像进行适当的编辑与调整。

学习目标

◆ 掌握图像编辑工具的使用方法。

◆ 熟悉图像的移动、复制和删除的技巧。

◆ 掌握图像裁切和图像变换的技巧。

技能目标

◆ 掌握"展示油画"的制作方法。

◆ 掌握"汉堡广告"的制作方法。

◆ 掌握"书籍广告"的制作方法。

6.1 ▶ 图像编辑工具

使用图像编辑工具对图像进行编辑和整理，可以提高用户编辑和处理图像的效率。

6.1.1 课堂案例——制作装饰画

【案例学习目标】学习使用图像编辑工具对图像进行裁剪和注释。

【案例知识要点】使用标尺工具和裁剪工具制作照片，使用注释工具为图像添加注释，最终效果如图6-1所示。

【效果所在位置】Ch06/效果/制作装饰画.psd。

图6-1

（1）按Ctrl+O组合键，打开本书学习资源中的"Ch06 > 素材 > 制作装饰画 > 02"文件，如图6-2所示。选择"标尺"工具 ，在图像窗口的左侧单击鼠标确定测量的起点，向右拖曳鼠标出现测量的线段，再次单击鼠标，确定测量的终点，如图6-3所示。

图6-2

图6-3

（2）单击属性栏中的 拉直图层 按钮，拉直图像，如图6-4所示。选择"裁剪"工具 ，在图像窗口中拖曳鼠标，绘制矩形裁切框，按Enter键确认操作，效果如图6-5所示。

图6-4

图6-5

（3）按Ctrl+O组合键，打开本书学习资源中的"Ch06 > 素材 > 制作装饰画 > 01"文件，如图6-6所示。将前景色设为白色。选择"矩形"工具 ，在属性栏的"选择工具模式"选项中选择"形状"，在图像窗口中绘制矩形，如图6-7所示。

图6-6

图6-7

（4）单击"图层"控制面板下方的"添加图层样式"按钮 ，在弹出的菜单中选择"内阴影"命令，在弹出的对话框中进行设置，如图6-8所示，单击"确定"按钮，效果如图6-9所示。

图6-8

图6-9

（5）选择"移动"工具，将02图像拖曳到01图像窗口中，并调整其大小和位置，效果如图6-10所示，在"图层"控制面板中生成新的图层并将其命名为"画"。按Alt+Ctrl+G组合键，创建剪贴蒙版，效果如图6-11所示。

图6-10　　　　　　　图6-11

（6）选择"注释"工具，在图像窗口中单击鼠标，弹出"注释"控制面板，在面板中输入文字，如图6-12所示。装饰画制作完成，效果如图6-13所示。

图6-12　　　　　　　图6-13

6.1.2　注释类工具

注释类工具可以为图像添加文字注释。

选择"注释"工具，或反复按Shift+I组合键，其属性栏状态如图6-14所示。

图6-14

作者：用于输入作者姓名。

颜色：用于设置注释窗口的颜色。

清除全部：用于清除所有注释。

显示或隐藏注释面板：用于打开注释面板，编辑注释文字。

6.1.3　标尺工具

选择"标尺"工具，或反复按Shift+I组合键，其属性栏状态如图6-15所示。

X: 0.00　Y: 0.00　W: 0.00　H: 0.00　A: 0.0°　L1: 0.00　L2:　☐ 使用测量比例　拉直图层　清除

图6-15

X/Y：起始位置坐标。

W/H：在x轴和y轴上移动的水平和垂直距离。

A：相对于坐标轴偏离的角度。

L1：两点间的距离。

L2：绘制角度时另一条测量线的长度。

使用测量比例：使用测量比例计算标尺工具数据。

拉直图层：拉直图层使标尺水平。

清除：用于清除测量线。

6.2 图像的移动、复制和删除

在Photoshop CC中，可以非常便捷地移动、复制和删除图像。

6.2.1 课堂案例——制作汉堡广告

【案例学习目标】学习使用移动工具移动、复制图像。

【案例知识要点】使用移动工具和复制命令制作装饰图形，使用变换命令变换图形，使用画笔工具绘制阴影，使用矩形工具和椭圆工具绘制装饰图形，使用横排文字工具和直排文字工具添加文字，最终效果如图6-16所示。

【效果所在位置】Ch06/效果/制作汉堡广告.psd。

图6-16

（1）按Ctrl＋O组合键，打开本书学习资源中的"Ch06 > 素材 > 制作汉堡广告 > 01、02"文件，01文件如图6-17所示。选择"移动"工具 ⊕，将02图像拖曳到01图像窗口中适当的位置，效果如图6-18所示，在"图层"控制面板中生成新的图层并将其命名为"蔬菜"。

图6-17 图6-18

（2）选择"移动"工具 ⊕，按住Alt键的同时，将蔬菜图像拖曳到适当的位置，复制图像，效果如图6-19所示。按Ctrl+T组合键，在图像周围出现变换框，在变换框中单击鼠标右键，在弹出的菜单中选择"水平翻转"和"垂直翻转"命令，水平和垂直翻转图像，按Enter键确认操作，效果如图6-20所示。

图6-19 图6-20

（3）新建图层并将其命名为"投影1"。将前景色设为黑色。选择"画笔"工具 ✐，在属性栏中单击"画笔"选项，弹出画笔选择面板，在面板中选择需要的画笔形状，设置如图6-21所示，在图像窗口中绘制投影，效果如图6-22所示。

图6-21 图6-22

（4）在"图层"控制面板中，将"投影1"图层拖曳到"蔬菜"图层的下方，如图6-23所示，图像效果如图6-24所示。

图6-23 图6-24

（5）选择"蔬菜拷贝"图层。按Ctrl＋O组合键，打开本书学习资源中的"Ch06 > 素材 > 制

作汉堡广告 > 03"文件。选择"移动"工具 ⊹，将03图像拖曳到01图像窗口中适当的位置，效果如图6-25所示，在"图层"控制面板中生成新的图层并将其命名为"红椒"。按住Alt键的同时，将红椒图像拖曳到适当的位置，复制图像，效果如图6-26所示。

图6-25　　　　　　　　图6-26

（6）按Ctrl+T组合键，在图像周围出现变换框，在变换框中单击鼠标右键，在弹出的菜单中选择"水平翻转"命令，水平翻转图像，按Enter键确认操作，效果如图6-27所示。在"图层"控制面板中，将拷贝图层拖曳到"红椒"图层的下方，如图6-28所示。

图6-27　　　　　　　　图6-28

（7）选择"红椒拷贝"图层。按Ctrl+O组合键，打开本书学习资源中的"Ch06 > 素材 > 制作汉堡广告 > 04"文件。选择"移动"工具 ⊹，将04图像拖曳到01图像窗口中适当的位置，效果如图6-29所示，在"图层"控制面板中生成新的图层并将其命名为"汉堡"。

（8）新建图层并将其命名为"投影2"。选择"画笔"工具 ✎，在属性栏中将"不透明度"选项设为50%，在图像窗口中绘制投影，效果如图6-30所示。在"图层"控制面板中，将"投影2"图层拖曳到"汉堡"图层的下方，如图6-31所示，图像效果如图6-32所示。

图6-29　　　　　　　　图6-30

图6-31　　　　　　　　图6-32

（9）选择"汉堡"图层。单击"图层"控制面板下方的"创建新的填充或调整图层"按钮 ◐，在弹出的菜单中选择"色相/饱和度"命令，在"图层"控制面板生成"色相/饱和度1"图层，同时弹出"色相/饱和度"面板，设置如图6-33所示，按Enter键确认操作，图像效果如图6-34所示。

图6-33　　　　　　　　图6-34

（10）将前景色设为浅黄色（其R、G、B的值分别为255、248、218）。选择"横排文字"工具 T，在图像窗口中分别输入需要的文字并选取文字，在属性栏中分别选择合适的字体并设置文字大小，如图6-35所示，在"图层"控制面板中分别生成新的文字图层。

（11）选择"矩形"工具 ▢，在属性栏的

"选择工具模式"选项中选择"形状",将"填充"选项设为无,"描边"颜色设为浅黄色(其R、G、B的值分别为255、248、218),"描边粗细"选项设为4像素,在图像窗口中绘制矩形,效果如图6-36所示。

图6-35 图6-36

(12)在"矩形1"图层上单击鼠标右键,在弹出的菜单中选择"栅格化图层"命令,栅格化图层。选择"矩形选框"工具,在适当的位置绘制矩形选区,如图6-37所示。按Delete键删除选区中的图像,效果如图6-38所示。

图6-37 图6-38

(13)选择"椭圆"工具○,在属性栏的"选择工具模式"选项中选择"形状",将"填充"选项设为红色(其R、G、B的值分别为241、1、0),"描边"颜色设为无,按住Shift键的同时,在图像窗口中拖曳鼠标绘制圆形,效果如图6-39所示。

(14)按Alt+Ctrl+T组合键,在圆形周围出现变换框,将其拖曳到适当的位置,复制圆形,按Enter键确认操作,效果如图6-40所示。连续两次按Alt+Shift+Ctrl+T组合键,再复制两个圆形,效果如图6-41所示。

图6-39 图6-40 图6-41

(15)选择"横排文字"工具T,在图像

窗口中输入需要的文字并选取文字,在属性栏中选择合适的字体并设置文字大小,如图6-42所示,在"图层"控制面板中生成新的文字图层。单击属性栏中的"切换字符和段落面板"按钮,弹出"字符"控制面板,设置如图6-43所示,按Enter键确认操作,效果如图6-44所示。

图6-42

图6-43 图6-44

(16)选择"直排文字"工具T,在图像窗口中输入需要的文字并选取文字,在属性栏中选择合适的字体并设置文字大小,如图6-45所示,在"图层"控制面板中生成新的文字图层。在"字符"控制面板中单击"全部大写字母"按钮TT,其他选项的设置如图6-46所示,按Enter键确认操作,效果如图6-47所示。

图6-45

图6-46 图6-47

(17)选择"移动"工具,将文字拖曳到

适当的位置，效果如图6-48所示。汉堡广告制作完成，效果如图6-49所示。

图6-48

图6-49

6.2.2 图像的移动

打开一张图片。选择"椭圆选框"工具 ，在要移动的区域绘制选区，如图6-50所示。选择"移动"工具 ，将鼠标光标放在选区中，光标变为 图标，如图6-51所示。单击并按住鼠标左键，拖曳选区到适当的位置，移动选区内的图像，原来的选区位置被背景色填充，效果如图6-52所示。按Ctrl+D组合键，取消选区。

图6-50

图6-51

图6-52

打开一张图片。将选区中的蛋糕图片拖曳到打开的图像中，鼠标光标变为 图标，如图6-53所示，释放鼠标，选区中的蛋糕图片被移动到打开的图像窗口中，效果如图6-54所示。

图6-53

图6-54

6.2.3 图像的复制

要在操作过程中随时按需要复制图像，就必须掌握复制图像的方法。

打开一张图片。选择"椭圆选框"工具 ，绘制出要复制的图像区域，如图6-55所示。选择"移动"工具 ，将鼠标光标放在选区中，光标变为 图标，如图6-56所示。按住Alt键的同时，鼠标光标变为 图标，如图6-57所示。单击鼠标并按住不放，拖曳选区中的图像到适当的位置，释放鼠标和Alt键，图像复制完成，效果如图6-58所示。

图6-55

图6-56

图6-57

图6-58

图6-62

图6-63

在要复制的图像上绘制选区，如图6-59所示。选择"编辑 > 拷贝"命令或按Ctrl+C组合键，将选区中的图像复制。这时屏幕上的图像并没有变化，但系统已将拷贝的图像复制到剪贴板中。

图6-59

图6-64

选择"编辑 > 粘贴"命令或按Ctrl+V组合键，将剪贴板中的图像粘贴在图像的新图层中，复制的图像在原图的上方，如图6-60所示。选择"移动"工具 ÷，可以移动复制出的图像，效果如图6-61所示。

提示

在复制图像前，要选择将要复制的图像区域。如果不选择图像区域，将不能复制图像。

6.2.4　图像的删除

在删除图像前，需要选择要删除的图像区域。如果不选择图像区域，将不能删除图像。

在要删除的图像上绘制选区，如图6-65所示。选择"编辑 > 清除"命令，可将选区中的图像删除。按Ctrl+D组合键，取消选区，效果如图6-66所示。

图6-60

图6-61

在要复制的图像上绘制选区，如图6-62所示。按住Alt+Ctrl组合键的同时，鼠标光标变为 ⬚ 图标，如图6-63所示。单击鼠标并按住不放，拖曳选区中的图像到适当的位置，释放鼠标，图像复制完成，效果如图6-64所示。

图6-65

图6-66

在要删除的图像上绘制选区，按Delete键或Backspace键，可以将选区中的图像删除。按Alt+Delete组合键或Alt+Backspace组合键，也可以将选区中的图像删除，删除后的图像区域由前景色填充。

🔍 提 示

删除后的图像区域由背景色填充。如果是在某一图层中，删除后的图像区域将显示下面一层的图像。

6.3　图像的裁切和图像的变换

利用图像的裁切和图像的变换，可以设计制作出丰富多变的图像效果。

6.3.1　课堂案例——制作书籍广告

【案例学习目标】学习使用图像的变换命令和渐变工具制作包装立体图。

【案例知识要点】使用扭曲命令制作书籍立体效果，使用渐变工具和不透明度制作光影，使用横排文字工具和图层样式制作宣传文字，最终效果如图6-67所示。

【效果所在位置】Ch06/效果/制作书籍广告.psd。

图6-67

（1）按Ctrl+O组合键，打开本书学习资源中的"Ch06 > 素材 > 制作书籍广告 > 01、02"文件，如图6-68和图6-69所示。

图6-68　　　　　　　图6-69

（2）选择"矩形选框"工具 ▢，在图像窗口中绘制选区，如图6-70所示。选择"移动"工具 ✛，将选区中的图像拖曳到01图像窗口中，效果如图6-71所示，在"图层"控制面板中生成"图层1"。

图6-70　　　　　　　图6-71

（3）按Ctrl+T组合键，在图像周围出现变换框，按住Alt+Shift组合键的同时，拖曳右上角的控制手柄等比例缩小图形，如图6-72所示。在变换框中单击鼠标右键，在弹出的菜单中选择"扭曲"命令，分别拖曳右上角和右下角的控制手柄到适当的位置，按Enter键确认操作，效果如图6-73所示。

图6-72　　　　　　　图6-73

（4）选择"矩形选框"工具 ▢，在02图像窗口中绘制选区，如图6-74所示。选择"移动"工具 ✛，将选区中的图像拖曳到01图像窗口中，如图6-75所示，在"图层"控制面板中生成"图层2"。

图6-74　　　　　　　图6-75

（5）按Ctrl+T组合键，在图像周围出现变换框，等比例缩小图形，按住Ctrl键的同时，拖曳左上角和左下角的控制手柄扭曲图形，按Enter键确认操作，效果如图6-76所示。按住Ctrl键的同时，单击"图层2"图层的缩览图，在图形周围生成选区，如图6-77所示。

图6-76

图6-77

（6）新建图层生成"图层3"。选择"渐变"工具，单击属性栏中的"点按可编辑渐变"按钮，弹出"渐变编辑器"对话框，在"预设"选项组中选择"前景色到背景色渐变"选项，如图6-78所示，单击"确定"按钮。选中属性栏中的"线性渐变"按钮，按住Shift键的同时，在图像窗口中从下至上拖曳渐变色，效果如图6-79所示。按Ctrl+D组合键，取消选区。

（7）在"图层"控制面板上方，将"图层3"图层的"不透明度"选项设为30%，如图6-80所示，图像效果如图6-81所示。按住Shift键的同时，选中"图层1"，将"图层1""图层2"和"图层3"3个图层同时选取，按Ctrl+E组合键，合并图层并将其命名为"封面"，如图6-82所示。

图6-78

图6-79

图6-80

图6-81

图6-82

（8）单击"图层"控制面板下方的"添加图层样式"按钮，在弹出的菜单中选择"投影"命令，在弹出的对话框中进行设置，如图6-83所示，单击"确定"按钮，效果如图6-84所示。

（9）选择"移动"工具，按住Alt键的同时，拖曳图形到适当的位置，复制图形，如图6-85所示。按Ctrl+T组合键，在图像周围生成变换框，拖曳控制手柄调整图形的大小及位置，按Enter键确认操作，效果如图6-86所示。用相同的方法复制封面图形并调整其大小和位置，如图6-87所示。

图6-83

图6-84   图6-85

图6-86   图6-87

（10）将前景色设为红色（其R、G、B的值分别为214、5、65）。选择"横排文字"工具 T.，在图像窗口中输入需要的文字。按Ctrl+T组合键，弹出"字符"面板，设置如图6-88所示，按Enter键确认操作，效果如图6-89所示，在"图层"控制面板中生成新的文字图层。

图6-88   图6-89

（11）单击"图层"控制面板下方的"添加图层样式"按钮 fx.，在弹出的菜单中选择"描边"命令，弹出对话框，将"描边"颜色设为浅黄色（其R、G、B的值分别为252、249、193），其他选项的设置如图6-90所示；选择"投影"选项，弹出相应的对话框，选项的设置如图6-91所示，单击"确定"按钮，效果如图6-92所示。

（12）选择"文字 > 栅格化文字图层"命令，栅格化文字，如图6-93所示。按Ctrl+T组合键，在图像周围出现变换框，在变换框中单击鼠标右键，在弹出的菜单中选择"扭曲"命令，拖曳右上角和右下角的控制手柄到适当的位置，按

Enter键确认操作，效果如图6-94所示。

图6-90

图6-91

图6-92   图6-93

图6-94

（13）用相同的方法制作下方的文字，效果如图6-95所示。按Ctrl＋O组合键，打开本书学习资源中的"Ch06 > 素材 > 制作书籍广告 > 03"文件。选择"移动"工具 ⊕.，将03图像拖曳到01

图像窗口中适当的位置，效果如图6-96所示，在"图层"控制面板中生成新的图层并将其命名为"花瓣"。书籍广告制作完成。

图6-95

图6-96

6.3.2 图像的裁切

若图像中含有大面积的纯色区域或透明区域，可以应用裁切命令进行操作。

打开一幅图像，如图6-97所示。选择"图像>裁切"命令，弹出"裁切"对话框，设置如图6-98所示，单击"确定"按钮，效果如图6-99所示。

图6-97

图6-98

图6-99

透明像素：若当前图像的多余区域是透明的，则选择此选项。

左上角像素颜色：根据图像左上角的像素颜色来确定裁切的颜色范围。

右下角像素颜色：根据图像右下角的像素颜色来确定裁切的颜色范围。

裁切：用于设置裁切的区域范围。

6.3.3 图像的变换

选择"图像 > 图像旋转"命令，其下拉菜单如图6-100所示。应用不同的变换命令后，图像的变换效果如图6-101所示。

图6-100

原图像

180度

顺时针90度 　　　　逆时针90度

水平翻转画布

垂直翻转画布

图6-101

选择"任意角度"命令，弹出"旋转画布"对话框，设置如图6-102所示，单击"确定"按钮，图像的旋转效果如图6-103所示。

图6-102

图6-103

6.3.4 图像选区的变换

在操作过程中，可以根据设计和制作的需要

变换已经绘制好的选区。

打开一张图片。选择"椭圆选框"工具 ○ ，在要变换的图像上绘制选区。选择"编辑 > 自由变换"或"变换"命令，其下拉菜单如图6-104所示。应用不同的变换命令后，图像的变换效果如图6-105所示。

再次(A)	Shift+Ctrl+T
缩放(S)	
旋转(R)	
斜切(K)	
扭曲(D)	
透视(P)	
变形(W)	
旋转 180 度(1)	
顺时针旋转 90 度(9)	
逆时针旋转 90 度(0)	
水平翻转(H)	
垂直翻转(V)	

图6-104

原图像

缩放

旋转

斜切

扭曲

透视

图6-105

变形

旋转180度

顺时针旋转90度

逆时针旋转90度

水平翻转

垂直翻转

图6-105（续）

🔍 **提示**

在要变换的图像上绘制选区。按Ctrl+T组合键，选区周围出现变换框，拖曳变换框的控制手柄，可以自由缩放图像；按住Shift键的同时，可以等比例缩放图像；将鼠标光标放在控制手柄外边，光标变为旋转图标，拖曳鼠标可以旋转图像；按住Ctrl键的同时，可以使图像任意变形；按住Alt键的同时，可以使图像对称变形；按住Shift+Ctrl组合键的同时，可以使图像斜切变形；按住Alt+Ctrl+Shift组合键的同时，可以使图像透视变形。

课堂练习——制作平板电脑广告

【**练习知识要点**】使用移动工具和复制命令制作装饰图形，使用变换命令变换图形，使用渐变工具添加渐变色，使用横排文字工具添加文字，最终效果如图6-106所示。

【**效果所在位置**】Ch06/效果/制作平板电脑广告.psd。

图6-106

课后习题——制作产品手提袋

【**习题知识要点**】使用渐变工具和图层蒙版制作图片渐隐效果，使用变换命令制作图片变形效果，使用图层样式添加特殊效果，最终效果如图6-107所示。

【**效果所在位置**】Ch06/效果/制作产品手提袋.psd。

图6-107

第 7 章

绘制图形和路径

本章介绍

　　本章主要介绍路径的绘制、编辑方法以及图形的绘制与应用技巧。通过对本章的学习，读者可以学会绘制所需路径并对路径进行修改和编辑，还可应用绘图工具绘制出系统自带的图形，从而提高图像制作的效率。

学习目标

◆ 熟悉绘制图形的技巧。

◆ 掌握绘制和选取路径的方法。

◆ 了解3D图形的创建和3D工具的使用技巧。

技能目标

◆ 掌握"生日贺卡"的制作方法。

◆ 掌握"糕点宣传卡"的制作方法。

◆ 掌握"优美插画"的制作方法。

7.1 绘制图形

绘图工具不仅可以绘制出标准的几何图形，也可以绘制出自定义的图形，从而提高工作效率。

7.1.1 课堂案例——制作生日贺卡

【案例学习目标】学习使用不同的绘图工具绘制各种图形。

【案例知识要点】使用椭圆工具和不透明度选项制作背景效果，使用圆角矩形工具、复制命令和图层样式制作装饰图形，使用移动工具、自定形状工具和多边形套索工具添加宣传语，最终效果如图7-1所示。

【效果所在位置】Ch07/效果/制作生日贺卡.psd。

图7-1

（1）按Ctrl+O组合键，打开本书学习资源中的"Ch07 > 素材 > 制作生日贺卡 > 01"文件，如图7-2所示。将前景色设为白色。选择"椭圆"工具 ○.，在属性栏的"选择工具模式"选项中选择"形状"，在图像窗口中拖曳鼠标绘制椭圆形，效果如图7-3所示。

图7-2　　　　　　　图7-3

（2）按Ctrl+T组合键，在图像周围出现变换框，拖曳变换框的控制手柄旋转图形，按Enter键确认操作，效果如图7-4所示。在"图层"控制面板上方，将该图层的"不透明度"选项设为33%，如图7-5所示，按Enter键确认操作，效果如图7-6所示。

图7-4

图7-5　　　　　　　图7-6

（3）按Ctrl+J组合键，复制图层，如图7-7所示。按Ctrl+T组合键，在图像周围出现变换框，拖曳变换框的控制手柄旋转图形，按Enter键确认操作，效果如图7-8所示。

图7-7　　　　　　　图7-8

（4）在"图层"控制面板上方，将该图层的"不透明度"选项设为17%，如图7-9所示，按Enter键确认操作，效果如图7-10所示。

（5）选择"椭圆"工具 ○.，在属性栏的

"选择工具模式"选项中选择"形状",将"填充"选项设为无,"描边"颜色设为橙色(其R、G、B的值分别为255、218、118),在图像窗口中拖曳鼠标绘制椭圆形,效果如图7-11所示。在"椭圆2"图层上单击鼠标右键,在弹出的菜单中选择"栅格化图层"命令,栅格化图层,如图7-12所示。

图7-15　　　　　　　　　图7-16

图7-9　　　　　　　　　图7-10

图7-11　　　　　　　　　图7-12

(6)用相同的方法再绘制椭圆形,效果如图7-13所示。按Ctrl+O组合键,打开本书学习资源中的"Ch07 > 素材 > 制作生日贺卡 > 02"文件。选择"移动"工具 ⊕,将02图像拖曳到01图像窗口中,效果如图7-14所示,在"图层"控制面板中生成新的图层并将其命名为"生日蛋糕"。

图7-13　　　　　　　　　图7-14

(7)在"图层"控制面板上方,将该图层的混合模式选项设为"线性加深",如图7-15所示,图像效果如图7-16所示。

(8)选择"圆角矩形"工具 □,在属性栏的"选择工具模式"选项中选择"形状",将"填充"选项设为红色(其R、G、B的值分别为230、37、0),"描边"颜色设为无,"半径"选项设为40像素,在图像窗口中拖曳鼠标绘制圆角矩形,效果如图7-17所示。

(9)按Alt+Ctrl+T组合键,在图形周围出现变换框,将图形拖曳到适当的位置,复制图形,按Enter键确认操作,效果如图7-18所示。按5次Alt+Shift+Ctrl+T组合键,复制5个图形,效果如图7-19所示。用相同的方法绘制另一组橙色(其R、G、B的值分别为255、186、0)图形,效果如图7-20所示。

图7-17　　　　　　　　　图7-18

图7-19　　　　　　　　　图7-20

(10)单击"图层"控制面板下方的"添加图层样式"按钮 ƒx,在弹出的菜单中选择"投影"命令,在弹出的对话框中进行设置,如图7-21所示,单击"确定"按钮,效果如图7-22所示。

（11）在"圆角矩形2"图层上单击鼠标右键，在弹出的菜单中选择"拷贝图层样式"命令，拷贝图层样式。在"圆角矩形1"图层上单击鼠标右键，在弹出的菜单中选择"粘贴图层样式"命令，粘贴图层样式，效果如图7-23所示。

图7-21

图7-22　　　　　　　　　　图7-23

（12）按Ctrl+O组合键，打开本书学习资源中的"Ch07 > 素材 > 制作生日贺卡 > 03"文件。选择"移动"工具 ⊕.，将03图像拖曳到01图像窗口中，效果如图7-24所示，在"图层"控制面板中生成新的图层并将其命名为"文字"。

图7-24

（13）将前景色设为黑色。选择"自定形状"工具 ⚘.，在属性栏中单击"形状"选项，弹出形状面板，单击面板右上方的 ❖. 按钮，在弹出的菜单中选择"物体"选项，弹出提示对话框，单击"追加"按钮。在"形状"面板中选择需要的图形，如图7-25所示。在属性栏的"选择

工具模式"选项中选择"形状"，在图像窗口中拖曳鼠标绘制图形，效果如图7-26所示。

图7-25　　　　　　　　　　图7-26

（14）新建图层并将其命名为"红点"。将前景色设为红色（其R、G、B的值分别为230、37、0）。选择"多边形套索"工具 ▽.，在适当的位置绘制选区。按Alt+Delete组合键，用前景色填充选区。取消选区后，效果如图7-27所示。生日贺卡制作完成，效果如图7-28所示。

图7-27　　　　　　　　　　图7-28

7.1.2　矩形工具

选择"矩形"工具 ▭.，或反复按Shift+U组合键，其属性栏状态如图7-29所示。

图7-29

形状 ▽：用于选择工具的模式，包括形状、路径和像素。

填充：■ 描边：↗ 1像素 ── ──：用于设置矩形的填充色、描边色、描边宽度和描边类型。

W: 0像素 ∞ H: 0像素：用于设置矩形的宽度和高度。

▫ ⊩ ⊫：用于设置路径的组合方式、对齐方式和排列方式。

❖.：用于设定所绘制矩形的形状。

对齐边缘：用于设定边缘是否对齐。

打开一张图片，如图7-30所示。在图像窗口中绘制矩形，效果如图7-31所示，"图层"控制面板如图7-32所示。

图7-30　　　　　　图7-31

图7-32

7.1.3　圆角矩形工具

　　选择"圆角矩形"工具 ☐，或反复按Shift+U组合键，其属性栏状态如图7-33所示。其属性栏的内容与"矩形"工具属性栏的选项内容类似，只增加了"半径"选项，用于设定圆角矩形的平滑程度，数值越大越平滑。

图7-33

　　打开一张图片，如图7-34所示。将"半径"选项设为40像素，在图像窗口中绘制圆角矩形，效果如图7-35所示，"图层"控制面板如图7-36所示。

图7-34　　　　　　图7-35

图7-36

7.1.4　椭圆工具

　　选择"椭圆"工具 ○，或反复按Shift+U组合键，其属性栏状态如图7-37所示。

图7-37

　　打开一张图片，如图7-38所示。在图像窗口中绘制椭圆形，效果如图7-39所示，"图层"控制面板如图7-40所示。

图7-38　　　　　　图7-39

图7-40

7.1.5　多边形工具

　　选择"多边形"工具 ○，或反复按Shift+U组合键，其属性栏状态如图7-41所示。其属性栏的内容与矩形工具属性栏的选项内容类似，只增加了"边"选项，用于设定多边形的边数。

图7-41

打开一张图片，如图7-42所示。单击属性栏中的 ✿ 按钮，在弹出的面板中进行设置，如图7-43所示。在图像窗口中绘制星形，效果如图7-44所示，"图层"控制面板如图7-45所示。

图7-42

图7-43

图7-44

图7-45

7.1.6 直线工具

选择"直线"工具 ╱ ，或反复按Shift+U组合键，其属性栏状态如图7-46所示。其属性栏的内容与矩形工具属性栏的选项内容类似，只增加了"粗细"选项，用于设定直线的宽度。

图7-46

单击属性栏中的 ✿ 按钮，弹出"箭头"面板，如图7-47所示。

起点： 用于选择位于线段始端的箭头。

终点： 用于选择位于线段末端的箭头。

宽度： 用于设定箭头宽度和线段宽度的比值。

长度： 用于设定箭头长度和线段长度的比值。

凹度： 用于设定箭头凹凸的形状。

打开一张图片，如图7-48所示。在图像窗口中绘制不同效果的直线，如图7-49所示，"图层"控制面板如图7-50所示。

图7-47

图7-48

图7-49

图7-50

> 🔍 **提示**
>
> 按住Shift键的同时，可以绘制水平或垂直的直线。

7.1.7 自定形状工具

选择"自定形状"工具 ☆ ，或反复按Shift+U组合键，其属性栏状态如图7-51所示。其属性栏的内容与矩形工具属性栏的选项内容类似，只增加了"形状"选项，用于选择所需的形状。

图7-51

单击"形状"选项，弹出如图7-52所示的形状面板，面板中存储了可供选择的各种不规则形状。

打开一张图片，如图7-53所示。在图像窗口中绘制形状图形，效果如图7-54所示，"图层"控制面板如图7-55所示。

形状"命令，弹出"形状名称"对话框，在"名称"选项的文本框中输入自定形状的名称，如图7-57所示，单击"确定"按钮。在"形状"选项的面板中显示刚才定义的形状，如图7-58所示。

图7-52　　　　　　　图7-53

图7-54　　　　　　　图7-55

图7-56

图7-57

图7-58

选择"钢笔"工具 ⌀ ，在图像窗口中绘制并填充路径，如图7-56所示。选择"编辑 > 定义自定

7.2 绘制和选取路径

路径对于Photoshop高手来说是一个非常得力的助手。使用路径可以进行复杂图像的选取，可以存储选取区域以备再次使用，还可以绘制线条平滑的优美图形。

7.2.1 课堂案例——制作糕点宣传卡

【案例学习目标】学习使用不同的绘制工具绘制并调整路径。

【案例知识要点】使用钢笔工具、添加锚点工具和转换点工具绘制路径，使用椭圆选框工具和羽化命令制作投影，最终效果如图7-59所示。

【效果所在位置】Ch07/效果/制作糕点宣传卡.psd。

图7-59

（1）按Ctrl+O组合键，打开本书学习资源中的"Ch07 > 素材 > 制作糕点宣传卡 > 01"文件，如图7-60所示。选择"钢笔"工具 ∅.，在属性栏的"选择工具模式"选项中选择"路径"，在图像窗口中沿着蛋糕轮廓拖曳鼠标绘制路径，如图7-61所示。

图7-60　　　　　　　　图7-61

（2）选择"钢笔"工具 ∅.，按住Ctrl键的同时，"钢笔"工具 ∅.转换为"直接选择"工具 ▸.，拖曳路径中的锚点改变路径的弧度，再次拖曳控制手柄改变线段的弧度，效果如图7-62所示。将鼠标光标移动到建立好的路径上，若当前处没有锚点，则"钢笔"工具 ∅.转换为"添加锚点"工具 ∅.，如图7-63所示，在路径上单击鼠标添加一个锚点。

图7-62　　　　　　　　图7-63

（3）选择"转换点"工具 ▸.，按住Alt键的同时拖曳手柄，可以任意改变调节手柄中的其中一个手柄，如图7-64所示。用上述路径工具调整路径，使其更贴近蛋糕的形状，效果如图7-65所示。

图7-64

（4）单击"路径"控制面板下方的"将路径作为选区载入"按钮 ○，将路径转换为选区，如图7-66所示。按Ctrl+O组合键，

打开本书学习资源中的"Ch07 > 素材 > 制作糕点宣传卡 > 02"文件，如图7-67所示。选择"移动"工具 ⊕.，将01选区中的图像拖曳到02图像窗口中，效果如图7-68所示，在"图层"控制面板中生成新的图层并将其命名为"蛋糕"。

图7-65　　　　　　　　图7-66

图7-67　　　　　　　　图7-68

（5）新建图层并将其命名为"投影"。将前景色设为咖啡色（其R、G、B的值分别为75、34、0）。选择"椭圆选框"工具 ○.，在图像窗口中拖曳鼠标绘制椭圆选区，如图7-69所示。按Shift+F6组合键，在弹出的"羽化选区"对话框中进行设置，如图7-70所示，单击"确定"按钮，羽化选区。按Alt+Delete组合键，用前景色填充选区。按Ctrl+D组合键，取消选区，效果如图7-71所示。

图7-69　　　　　　　　图7-70

图7-71

（6）在"图层"控制面板中，将"投影"图层拖曳到"蛋糕"图层的下方，如图7-72所示，图像效果如图7-73所示。选择"移动"工具 ⊕，将投影拖曳到适当的位置，效果如图7-74所示。

图7-72

图7-73　　　　　　图7-74

（7）按住Shift键的同时，将"蛋糕"图层和"投影"图层同时选取。按Ctrl+E组合键，合并图层，如图7-75所示。连续两次将"蛋糕"图层拖曳到"图层"控制面板下方的"创建新图层"按钮 ⊡ 上进行复制，生成新的拷贝图层，如图7-76所示。分别选择拷贝图层，在图像窗口中将其拖曳到适当的位置并调整大小，效果如图7-77所示。

图7-75　　　　　　图7-76

图7-77

（8）按住Shift键的同时，将"蛋糕拷贝"图层和"蛋糕拷贝2"图层同时选取，拖曳到"蛋糕"图层的下方，如图7-78所示，图像效果如图7-79所示。糕点宣传卡制作完成。

图7-78　　　　　　图7-79

7.2.2　钢笔工具

选择"钢笔"工具 ⌀，或反复按Shift+P组合键，其属性栏状态如图7-80所示。

图7-80

按住Shift键创建锚点时，将强迫系统以45°或45°的倍数绘制路径。按住Alt键，当"钢笔"工具 ⌀ 移到锚点上时，暂时将"钢笔"工具 ⌀ 转换为"转换点"工具 ᐠ。按住Ctrl键，暂时将"钢笔"工具 ⌀ 转换成"直接选择"工具 ᐟ。

绘制直线：选择"钢笔"工具 ⌀，在属性栏的"选择工具模式"选项中选择"路径"选项，"钢笔"工具 ⌀ 绘制的将是路径。如果选择"形状"选项,将绘制出形状图层。勾选"自动添加/删除"复选框,可以在选取的路径上自动添加和删除锚点。

在图像中的任意位置单击鼠标,创建一个锚点,将鼠标光标移动到其他位置再次单击,创建第二个锚点,两个锚点之间自动以直线进行连接,如图7-81所示。再将鼠标光标移动到其他位置单击,创建第三个锚点,而系统将在第二个和第三个锚点之间生成一条新的直线路径,如图7-82所示。

将鼠标光标移至第二个锚点上,光标暂时转换成"删除锚点"工具 ✎.,如图7-83所示。在锚点上单击,即可将第二个锚点删除,如图7-84所示。

图7-81 图7-82

图7-83 图7-84

绘制曲线:选择"钢笔"工具 ✎.,单击建立新的锚点并按住鼠标不放,拖曳鼠标,建立曲线段和曲线锚点,如图7-85所示。释放鼠标,按住Alt键的同时,单击刚建立的曲线锚点,如图7-86所示,将其转换为直线锚点。在其他位置再次单击建立下一个新的锚点,在曲线段后绘制出直线,如图7-87所示。

图7-85 图7-86 图7-87

7.2.3 自由钢笔工具

选择"自由钢笔"工具 ✎.,其属性栏状态如图7-88所示。

图7-88

在图形上单击鼠标确定最初的锚点,沿图像小心地拖曳鼠标并单击,确定其他的锚点,如图7-89所示。如果在选择中存在误差,只需要使用其他的路径工具对路径进行修改和调整,就可以补救,如图7-90所示。

图7-89 图7-90

7.2.4 添加锚点工具

将"钢笔"工具 ✎.移动到建立的路径上,若此处没有锚点,则"钢笔"工具 ✎.转换成"添加锚点"工具 ✎.,如图7-91所示。在路径上单击鼠标可以添加一个锚点,效果如图7-92所示。

图7-91 图7-92

将"钢笔"工具 ✎.移动到建立的路径上,若此处没有锚点,则"钢笔"工具 ✎.转换成"添加锚点"工具 ✎.,如图7-93所示。单击并按住鼠标不放,向上拖曳鼠标,可以建立曲线段和曲线锚点,效果如图7-94所示。

图7-93 图7-94

7.2.5 删除锚点工具

将"钢笔"工具 ∅.移动到路径的锚点上，则"钢笔"工具 ∅.转换成"删除锚点"工具 ∅.，如图7-95所示。单击锚点将其删除，效果如图7-96所示。

图7-95　　　　　　　图7-96

将"钢笔"工具 ∅.移动到曲线路径的锚点上，单击锚点也可以将其删除。

7.2.6 转换点工具

选择"钢笔"工具 ∅.，在图像窗口中绘制三角形路径，当要闭合路径时鼠标光标变为 ∅.图标，如图7-97所示，单击鼠标即可闭合路径，完成三角形路径的绘制，如图7-98所示。

图7-97　　　　　　　图7-98

选择"转换点"工具 ↖.，将鼠标光标放置在三角形左上角的锚点上，如图7-99所示，单击锚点并将其向右上方拖曳形成曲线锚点，如图7-100所示。用相同的方法，将三角形的锚点转换为曲线锚点，绘制完成后，路径的效果如图7-101所示。

图7-99　　　　图7-100　　　图7-101

7.2.7 选区和路径的转换

1. 将选区转换为路径

在图像上绘制选区，如图7-102所示。单击

"路径"控制面板右上方的 ≡ 图标，在弹出的菜单中选择"建立工作路径"命令，弹出"建立工作路径"对话框，"容差"选项用于设置转换时的误差允许范围，数值越小越精确，路径上的关键点也越多。如果要编辑生成的路径，在此处设定的数值最好为2，如图7-103所示，单击"确定"按钮，将选区转换为路径，效果如图7-104所示。

图7-102

图7-103　　　　　　　图7-104

单击"路径"控制面板下方的"从选区生成工作路径"按钮 ◇，将选区转换为路径。

2. 将路径转换为选区

在图像中创建路径，如图7-105所示。单击"路径"控制面板右上方的 ≡ 图标，在弹出的菜单中选择"建立选区"命令，弹出"建立选区"对话框，如图7-106所示。设置完成后，单击"确定"按钮，将路径转换为选区，效果如图7-107所示。

图7-105

图7-106　　　　　　　图7-107

单击"路径"控制面板下方的"将路径作为选区载入"按钮 ○，将路径转换为选区。

7.2.8 课堂案例——制作优美插画

【案例学习目标】学习使用描边路径命令制

作线条。

【案例知识要点】使用钢笔工具、描边路径命令和画笔工具制作线条，使用图层样式添加外发光，使用自定形状工具、椭圆选框工具和图层样式制作桃心，最终效果如图7-108所示。

【效果所在位置】Ch07/效果/制作优美插画.psd。

图7-108

（1）按Ctrl+O组合键，打开本书学习资源中的"Ch07 > 素材 > 制作优美插画 > 01"文件，如图7-109所示。选择"钢笔"工具 ∅，在属性栏的"选择工具模式"选项中选择"路径"，在图像窗口中拖曳鼠标绘制路径，如图7-110所示。

图7-109　　　　　图7-110

（2）选择"画笔"工具 ∕，在属性栏中单击"画笔"选项，弹出画笔选择面板，在面板中选择需要的画笔形状，设置如图7-111所示。

（3）新建图层并将其命名为"线条"。将前景色设为白色。选择"路径选择"工具 ▶，选

取绘制的路径，在路径上单击鼠标右键，在弹出的菜单中选择"描边路径"命令，在弹出的对话框中进行设置，如图7-112所示，单击"确定"按钮，效果如图7-113所示。

图7-111

图7-112

图7-113

（4）单击"图层"控制面板下方的"添加图层样式"按钮 ✦，在弹出的菜单中选择"外发光"命令，在弹出的对话框中进行设置，如图7-114所示，单击"确定"按钮，效果如图7-115所示。用相同的方法绘制另一线条，效果如图7-116所示。

图7-114

图7-115　　　　　　　　　　图7-116

图7-120　　　　　　　　　　图7-121

（5）新建图层并将其命名为"桃心"。选择"自定形状"工具，在属性栏中单击"形状"选项，弹出形状面板，选择需要的图形，如图7-117所示。在属性栏的"选择工具模式"选项中选择"像素"，在图像窗口中拖曳鼠标绘制图形，效果如图7-118所示。

（7）单击"图层"控制面板下方的"添加图层样式"按钮，在弹出的菜单中选择"描边"命令，在弹出的对话框中将"颜色"选项设为暗红色（其R、G、B的值分别为146、0、0），其他选项的设置如图7-122所示，单击"确定"按钮，效果如图7-123所示。用相同的方法绘制其他桃心，效果如图7-124所示。

图7-117　　　　　　　　　　图7-118

图7-122

（6）选择"椭圆选框"工具，在图像窗口中拖曳鼠标绘制椭圆选区，如图7-119所示。选中属性栏中的"从选区减去"按钮，在图像窗口中拖曳鼠标绘制减去的选区，如图7-120所示。按Delete键，删除选区中的图像。取消选区后，效果如图7-121所示。

图7-119

图7-123　　　　　　　　　　图7-124

（8）选择"画笔"工具，单击属性栏中

的"切换画笔设置面板"按钮☑,弹出"画笔设置"控制面板,选项的设置如图7-125所示;选择"形状动态"选项,弹出相应的面板,选项的设置如图7-126所示;选择散布选项,弹出相应的面板,选项的设置如图7-127所示。

图7-125　　　　　图7-126

图7-127

（9）新建图层并将其命名为"光点"。在图像窗口中拖曳鼠标绘制光点,效果如图7-128所示。按Ctrl+O组合键,打开本书学习资源中的"Ch07 > 素材 > 制作优美插画 > 02、03"文件。选择"移动"工具💠,将02、03图像分别拖曳到01图像窗口中适当的位置,效果如图7-129所示,在"图层"控制面板中分别生成新的图层并将其命名为"人物"和"文字"。优美插画绘制完成。

图7-128　　　　　图7-129

7.2.9　路径控制面板

绘制一条路径。选择"窗口 > 路径"命令,弹出"路径"控制面板,如图7-130所示。单击"路径"控制面板右上方的 ≡ 图标,弹出其面板菜单,如图7-131所示。在"路径"控制面板的底部有7个工具按钮,如图7-132所示。

图7-130　　　　　图7-131

图7-132

用前景色填充路径●:单击此按钮,将对当前选中的路径进行填充,填充的对象包括当前路径的所有子路径以及不连续的路径线段。如果选定了路径中的一部分,"路径"控制面板的面板菜单中的"填充路径"命令会变为"填充子路径"命令。如果被填充的路径为开放路径,Photoshop将自动把路径的两个端点以直线段连接,然后进行填充。如果只有一条开放的路径,则不能进行填充。按住Alt键的同时,单击此按钮,将弹出"填充路径"对话框。

用画笔描边路径 ○：单击此按钮，系统将使用当前的颜色和当前在"描边路径"对话框中设定的工具对路径进行描边。按住Alt键的同时，单击此按钮，将弹出"描边路径"对话框。

将路径作为选区载入 ○：单击此按钮，将把当前路径所圈选的范围转换为选择区域。按住Alt键的同时，单击此按钮，将弹出"建立选区"对话框。

从选区生成工作路径 ◇：单击此按钮，将把当前的选择区域转换成路径。按住Alt键的同时，单击此按钮，将弹出"建立工作路径"对话框。

添加蒙版 □：用于为当前图层添加蒙版。

创建新路径 ◻：用于创建一个新的路径。单击此按钮，可以创建一个新的路径。按住Alt键的同时，单击此按钮，将弹出"新建路径"对话框。

删除当前路径 🗑：用于删除当前路径。把"路径"控制面板中的一个路径直接拖曳到此按钮上，可将整个路径全部删除。

7.2.10　新建路径

单击"路径"控制面板右上方的 ≡ 图标，弹出其面板菜单，选择"新建路径"命令，弹出"新建路径"对话框，如图7-133所示。

图7-133

名称：用于设定新路径的名称。

单击"路径"控制面板下方的"创建新路径"按钮 ◻，可以创建一个新路径。按住Alt键的同时，单击"创建新路径"按钮 ◻，将弹出"新建路径"对话框，设置完成后，单击"确定"按钮创建路径。

7.2.11　复制、删除、重命名路径

1. 复制路径

单击"路径"控制面板右上方的 ≡ 图标，弹出其面板菜单，选择"复制路径"命令，弹出"复制路径"对话框，如图7-134所示，在"名称"选项中设置复制路径的名称，单击"确定"按钮，"路径"控制面板如图7-135所示。

图7-134　　　　　　图7-135

将要复制的路径拖曳到"路径"控制面板下方的"创建新路径"按钮 ◻ 上，即可将所选的路径复制为一个新路径。

2. 删除路径

单击"路径"控制面板右上方的 ≡ 图标，弹出其面板菜单，选择"删除路径"命令，可将路径删除。或选择需要删除的路径，单击控制面板下方的"删除当前路径"按钮 🗑，也可将选择的路径删除。

3. 重命名路径

双击"路径"控制面板中的路径名，出现重命名路径文本框，如图7-136所示，更改名称后按Enter键确认即可，如图7-137所示。

图7-136　　　　　　图7-137

7.2.12　路径选择工具

路径选择工具可以选择单个或多个路径，同时还可以用来组合、对齐和分布路径。

选择"路径选择"工具 ▶，或反复按Shift+A组合键，其属性栏状态如图7-138所示。

图7-138

选择：用于设置所选路径所在的图层。

约束路径移动：勾选此复选框，可以只移动两个锚点中的路径，其他路径不受影响。

7.2.13　直接选择工具

直接选择工具可以移动路径中的锚点或线段，还可以调整手柄和控制点。

路径的原始效果如图7-139所示。选择"直接选择"工具 ▶，拖曳路径中的锚点可以改变路径的弧度，如图7-140所示。

图7-139

图7-140

7.2.14　填充路径

在图像中创建路径，如图7-141所示。单击"路径"控制面板右上方的 ≡ 图标，在弹出的菜单中选择"填充路径"命令，弹出"填充路径"对话框，如图7-142所示。设置完成后，单击"确定"按钮，效果如图7-143所示。

图7-141

图7-142

图7-143

单击"路径"控制面板下方的"用前景色填充路径"按钮 ●，填充路径。按住Alt键的同时，单击"用前景色填充路径"按钮 ●，将弹出"填充路径"对话框，设置完成后，单击"确定"按钮，填充路径。

7.2.15　描边路径

在图像中创建路径，如图7-144所示。单击"路径"控制面板右上方的 ≡ 图标，在弹出的菜单中选择"描边路径"命令，弹出"描边路径"对话框。在"工具"选项下拉列表中共有19种工具可供选择，若选择了"画笔"工具，在画笔属性栏中设定的画笔类型将直接影响此处的描边效果。

图7-144

在"描边路径"对话框中的设置如图7-145所示，单击"确定"按钮，效果如图7-146所示。

图7-145　　　　图7-146

单击"路径"控制面板下方的"用画笔描边路径"按钮 ○，描边路径。按住Alt键的同时，单击"用画笔描边路径"按钮 ○，将弹出"描边路径"对话框，设置完成后，单击"确定"按钮，描边路径。

7.3 创建3D图形

在Photoshop中，可以将平面图层创建为各种预设的3D形状模型。只有将图层变为3D图层，才能使用3D工具和命令。

打开一张图片，如图7-147所示。选择"3D > 从图层新建网格 > 网格预设"命令，弹出如图7-148所示的子菜单，选择需要的命令可以创建不同的3D模型。

圆柱体　　　　　圆环　　　　　　帽子

图7-147　　　　　图7-148

选择各命令创建出的3D模型如图7-149所示。

金字塔　　　　　　　　环形

锥形　　　　立体环绕　　　　立方体

图7-149

汽水　　　　球体　　　　酒瓶

图7-149（续）

7.4 使用3D工具

在Photoshop中，使用3D对象工具可以旋转、缩放或调整模型位置。当操作3D模型时，相机视图保持固定。

打开一张包含3D模型的图片，如图7-150所示。选中3D图层，选择"环绕移动3D相机"工具，图像窗口中的鼠标光标变为图标，上下拖动可将模型围绕其*x*轴旋转，如图7-151所示；两侧拖动可将模型围绕其*y*轴旋转，效果如图7-152所示。按住Alt键的同时进行拖移可滚动模型。

图7-150　　　　　图7-151　　　　　图7-152

选择"滚动3D相机"工具，图像窗口中的鼠标光标变为图标，两侧拖曳可使模型绕*z*轴旋转，效果如图7-153所示。

　　选择"平移3D相机"工具✥，图像窗口中的鼠标光标变为✥图标，两侧拖曳可沿水平方向移动模型，如图7-154所示；上下拖曳可沿垂直方向移动模型，如图7-155所示。按住Alt键的同时进行拖移可沿x/z轴方向移动。

图7-153　　　　　图7-154　　　　　图7-155

　　选择"滑动3D相机"工具✥，图像窗口中的鼠标光标变为✥图标，两侧拖曳可沿水平方向移

动模型，如图7-156所示；上下拖动可将模型移近或移远，如图7-157所示。按住Alt键的同时进行拖移可沿x/y轴方向移动。

　　选择"变焦3D相机"工具◄，图像窗口中的鼠标光标变为↕图标，上下拖曳可将模型放大或缩小，如图7-158所示。按住Alt键的同时进行拖移可沿z轴方向缩放。

图7-156　　　　　图7-157　　　　　图7-158

课堂练习——制作高跟鞋促销海报

　　【练习知识要点】使用矩形工具、钢笔工具和不透明度选项绘制背景图形，使用钢笔工具、添加锚点工具和转换点工具绘制路径，使用应用选区和路径的转换命令进行转换，最终效果如图7-159所示。

　　【效果所在位置】Ch07/效果/制作高跟鞋促销海报.psd。

图7-159

课后习题——制作蓝色梦幻效果

　　【习题知识要点】使用描边路径命令为路径描边，使用高斯模糊滤镜命令制作蝴蝶描边的模糊效果，使用椭圆选框工具、羽化选区命令和混合模式制作暗色边框，最终效果如图7-160所示。

　　【效果所在位置】Ch07/效果/制作蓝色梦幻效果.psd。

图7-160

第 8 章

调整图像的色彩和色调

本章介绍

　　本章主要介绍调整图像色彩与色调的多种命令。通过对本章的学习，读者可以学会根据不同的需要应用多种调整命令对图像的色彩或色调进行细微的调整，还可以对图像进行特殊颜色的处理。

学习目标

◆ 了解调整图像色彩与色调的方法。
◆ 掌握特殊颜色处理的技巧。

技能目标

◆ 掌握 "高冷照片" 的制作方法。
◆ 掌握 "回忆照片" 的制作方法。
◆ 掌握 "美食照片" 的制作方法。
◆ 掌握 "吉他广告" 的制作方法。
◆ 掌握 "姐妹照片" 的制作方法。
◆ 掌握 "素描人物" 的制作方法。

8.1 ▶ 调整图像的色彩与色调

调整图像的色彩与色调是Photoshop的强项，在实际的设计制作中经常会使用到这项功能。

8.1.1 课堂案例——制作高冷照片

【案例学习目标】学习使用亮度/对比度和色彩平衡命令调整图像的颜色。

【案例知识要点】使用亮度/对比度命令和色彩平衡命令改变图像的颜色，使用图层混合模式、图层蒙版和画笔工具制作图片融合，最终效果如图8-1所示。

【效果所在位置】Ch08/效果/制作高冷照片.psd。

图8-1

（1）按Ctrl+O组合键，打开本书学习资源中的"Ch08 > 素材 > 制作高冷照片 > 01"文件，如图8-2所示。按Ctrl+J组合键，复制图层，如图8-3所示。

图8-2　　　　　　　图8-3

（2）选择"图像 > 调整 > 亮度/对比度"命令，在弹出的对话框中进行设置，如图8-4所示，单击"确定"按钮，效果如图8-5所示。

（3）选择"图像 > 调整 > 色彩平衡"命令，在弹出的对话框中进行设置，如图8-6所示，

单击"确定"按钮，效果如图8-7所示。

图8-4

图8-5

图8-6

图8-7

（4）按Ctrl+O组合键，打开本书学习资源中的"Ch08 > 素材 > 制作高冷照片 > 02"文件。选择"移动"工具 ⊕，将02图像拖曳到01图像窗口中适当的位置并调整其大小，效果如图8-8所示，在"图层"控制面板中生成新的图

层并将其命名为"光线"。在控制面板上方，将该图层的混合模式选项设为"柔光"，如图8-9所示，图像效果如图8-10所示。

图8-8

图8-9

图8-10

（5）单击"图层"控制面板下方的"添加蒙版"按钮，为图层添加蒙版，如图8-11所示。将前景色设为黑色。选择"画笔"工具，在属性栏中单击"画笔"选项，弹出画笔选择面板，在面板中选择需要的画笔形状，设置如图8-12所示，在图像窗口中擦除不需要的图像，效果如图8-13所示。

图8-11

图8-12

图8-13

（6）单击"光线"图层的缩览图，如图8-14所示。选择"图像 > 调整 > 亮度/对比度"命令，在弹出的对话框中进行设置，如图8-15所示，单击"确定"按钮，效果如图8-16所示。

（7）将前景色设为暗蓝色（其R、G、B的值分别为0、26、40）。选择"横排文字"工具，在图像窗口中分别输入需要的文字并选取文字，在属性栏中分别选择合适的字体并设置文字大小，如图8-17所示，在"图层"控制面板中分别生成新的文字图层。高冷照片制作完成。

图8-14

图8-15

图8-16

图8-17

8.1.2 亮度/对比度

亮度/对比度命令可以调整整个图像的亮度和对比度。

打开一张图片，如图8-18所示。选择"图像 > 调整 > 亮度/对比度"命令，弹出"亮度/对比度"对话框，设置如图8-19所示。单击"确定"按钮，效果如图8-20所示。

图8-18

图8-19

图8-20

8.1.3　色彩平衡

选择"图像 > 调整 > 色彩平衡"命令，或按
Ctrl+B组合键，弹出"色彩平衡"对话框，如图
8-21所示。

图8-21

色彩平衡：用于添加过渡色来平衡色彩效
果，拖曳滑块可以调整整个图像的色彩，也可以
在"色阶"选项的数值框中直接输入数值调整图
像的色彩。

色调平衡：用于选取图像的调整区域，包括
阴影、中间调和高光。

保持明度：用于保持原图像的明度。

设置不同的色彩平衡后，图像效果如图8-22
所示。

图8-22

图8-22（续）

8.1.4　反相

选择"图像 > 调整 > 反相"命令，或按
Ctrl+I组合键，可以将图像或选区的像素反转为补
色，使其出现底片效果。不同色彩模式的图像反
相后的效果如图8-23所示。

原始图像　　　RGB色彩模式　　　CMYK色彩模式
　　　　　　　反相后的效果　　　反相后的效果

图8-23

> 🔍 **提 示**
>
> 反相效果是对图像的每一个色彩通道进
> 行反相后的合成效果，不同色彩模式的图像反
> 相后的效果是不同的。

8.1.5　课堂案例——制作回忆照片

【案例学习目标】学习使用自动颜色和色调
均化命令调整图片的颜色。

【案例知识要点】使用自动颜色命令和色调
均化命令调整图片的颜色，使用图层的混合模式
制作图片融合，使用移动工具添加边框，使用横
排文字工具输入需要的文字，最终效果如图8-24
所示。

图8-24

【效果所在位置】Ch08/效果/制作回忆照
片.psd。

（1）按Ctrl+O组合键，打开本书学习资源中
的"Ch08 > 素材 > 制作回忆照片 > 01"文件，
如图8-25所示。按Ctrl+J组合键，复制图层，如图
8-26所示。

图8-25 　　　　　　　　　图8-26

（2）按Shift+Ctrl+B组合键，对图像的色彩
进行自动调整，如图8-27所示。选择"图像 > 调
整 > 色调均化"命令，调整图像，效果如图8-28
所示。

图8-27 　　　　　　　　　图8-28

（3）在"图层"控制面板上方，将该图层的
混合模式选项设为"柔光"，如图8-29所示，图
像效果如图8-30所示。

图8-29 　　　　　　　　　图8-30

（4）按Ctrl＋O组合键，打开本书学习资源
中的"Ch08 > 素材 > 制作回忆照片 > 02"文件。
选择"移动"工具 ⊕，将02图像拖曳到01图像窗
口中适当的位置并调整其大小，效果如图8-31所
示，在"图层"控制面板中生成新的图层并将其
命名为"边框"。

（5）将前景色设为黑色。选择"横排文字"
工具 T，在图像窗口中分别输入需要的文字并选
取文字，在属性栏中分别选择合适的字体并设置
文字大小，如图8-32所示，在"图层"控制面板
中分别生成新的文字图层。

图8-31 　　　　　　　　　图8-32

（6）选择"回忆"图层。选择"窗口 > 字
符"命令，弹出"字符"控制面板，单击"仿粗
体"按钮 T，其他选项的设置如图8-33所示，按
Enter键确认操作，效果如图8-34所示。

图8-33   图8-34

（7）选择最上方的图层。在"字符"控制面板中单击"仿粗体"按钮 **T**，其他选项的设置如图8-35所示，按Enter键确认操作，效果如图8-36所示。回忆照片制作完成，效果如图8-37所示。

图8-35   图8-36

图8-37

8.1.6 自动色调

自动色调命令可以对图像的色调进行自动调整。系统将以0.10%色调来对图像进行加亮和变暗。按Shift+Ctrl+L组合键，可以对图像的色调进行自动调整。

8.1.7 自动对比度

自动对比度命令可以对图像的对比度进行自动调整。按Alt+Shift+Ctrl+L组合键，可以对图像的对比度进行自动调整。

8.1.8 自动颜色

自动颜色命令可以对图像的色彩进行自动调整。按Shift+Ctrl+B组合键，可以对图像的色彩进行自动调整。

8.1.9 色调均化

色调均化命令用于调整图像或选区像素的过黑部分，使图像变得明亮，并将图像中其他的像素平均分配在亮度色谱中。

选择"图像 > 调整 > 色调均化"命令，在不同的色彩模式下图像将产生不同的效果，如图8-38所示。

原始图像   RGB色调均化的效果

CMYK色调均化的效果   Lab色调均化的效果

图8-38

8.1.10 课堂案例——制作美食照片

【案例学习目标】学习使用不同的调色命令调整图片颜色。

【案例知识要点】使用色阶命令、渐变映射命令和色相/饱和度命令调整图片的颜色，最终效果如图8-39所示。

图8-39

【效果所在位置】Ch08/效果/制作美食照片.psd。

（1）按Ctrl+O组合键，打开本书学习资源中的"Ch08 > 素材 > 制作美食照片 > 01"文件，如图8-40所示。按Ctrl+J组合键，复制图层，如图8-41所示。

图8-40　　　　　　　　图8-41

（2）选择"图像 > 调整 > 色阶"命令，在弹出的对话框中进行设置，如图8-42所示，单击"确定"按钮，效果如图8-43所示。

图8-42

图8-43

（3）选择"图像 > 调整 > 渐变映射"命令，弹出"渐变映射"对话框，单击"点按可编辑渐变"按钮，弹出"渐变编辑器"对话框，在"位置"选项中分别输入0、28、67、89、100五个位置点，分别设置五个位置点颜色的RGB值为0（255、242、31）、28（252、204、0）、67（241、148、47）、89（233、102、45）、100（229、53、43），如图8-44所示，单击"确定"按钮。勾选"反向"复选框，单击"确定"按钮，图像效果如图8-45所示。

图8-44

图8-45

（4）在"图层"控制面板上方，将该图层的混合模式选项设为"柔光"，"不透明度"选项设为37%，如图8-46所示，按Enter键确认操作，图像效果如图8-47所示。

图8-46　　　　　　　　图8-47

（5）选择"图像 > 调整 > 色相/饱和度"命令，在弹出的对话框中进行设置，如图8-48所示，单击"确定"按钮，效果如图8-49所示。

（6）将前景色设为浅绿色（其R、G、B的值分别为232、252、184）。选择"横排文字"工具 T.，在图像窗口中输入需要的文字并选取文字，在属性栏中选择合适的字体并设置文字大小，如图8-50所示，在"图层"控制面板中生成新的文字图层。美食照片制作完成。

图8-48

图8-49　　　　　　　　图8-50

8.1.11　色阶

打开一张图片，如图8-51所示。选择"图像 > 调整 > 色阶"命令，或按Ctrl+L组合键，弹出"色阶"对话框，如图8-52所示。对话框中间是一个直方图，其横坐标为0~255，表示亮度值，纵坐标为图像的像素值。

图8-51

图8-52

通道：可以选择不同的颜色通道来调整图像。如果想选择两个以上的色彩通道，要先在"通道"控制面板中选择所需要的通道，再调出"色阶"对话框。

输入色阶：可以通过输入数值或拖曳滑块来调整图像。左侧的数值框和黑色滑块用于调整黑色，图像中低于该亮度值的所有像素将变为黑色；中间的数值框和灰色滑块用于调整灰度，其数值范围为0.01~9.99；右侧的数值框和白色滑块用于调整白色，图像中高于该亮度值的所有像素将变为白色。

调整"输入色阶"选项的3个滑块后，图像将产生不同的色彩效果，如图8-53所示。

输出色阶：可以通过输入数值或拖曳滑块来控制图像的亮度范围。左侧的数值框和黑色滑块用于调整图像中最暗像素的亮度；右侧的数值框和白色滑块用于调整图像中最亮像素的亮度。

调整"输出色阶"选项的2个滑块后，图像将产生不同的色彩效果，如图8-54所示。

图8-54

自动(A) ：可以自动调整图像并设置层次。

选项(T)... ：单击此按钮，可弹出"自动颜色校正选项"对话框，系统将以0.10%色阶来对图像进行加亮或变暗。

取消 ：按住Alt键，转换为 复位 按钮，单击此按钮将调整过的色阶复位还原，可以重新进行设置。

图8-53

✏✏✏：分别为黑色吸管工具、灰色吸管工具和白色吸管工具。选中黑色吸管工具，用鼠标在图像中单击一点，图像中暗于单击点的所有像素都会变为黑色；用灰色吸管工具在图像中单击，单击点的像素都会变为灰色，图像中的其他颜色也会有相应调整；用白色吸管工具在图像中单击一点，图像中亮于单击点的所有像素都会变为白色。双击任意吸管工具，可在弹出的颜色选择对话框中设置吸管颜色。

8.1.12　曲线

曲线命令可以通过调整图像色彩曲线上的任意一个像素来改变图像的色彩范围。

打开一张图片，如图8-55所示。选择"图像 > 调整 > 曲线"命令，或按Ctrl+M组合键，弹出对话框，如图8-56所示。在图像中单击，如图8-57所示，对话框的图表上会出现一个圆圈，x轴为色彩的输入值，y轴为色彩的输出值，表示在图像中单击处的像素数值，如图8-58所示。

图8-55

图8-56

图8-57

图8-58

"通道"选项：可以选择图像的颜色调整通道。

✏：可以改变曲线的形状，添加或删除控制点。

输入输出：显示图表中光标所在位置的亮度值。

显示数量：可以选择图表的显示方式。

网格大小：可以选择图表中网格的显示大小。

显示：可以选择图表的显示内容。

自动(A)：可以自动调整图像的亮度。

下面为调整不同曲线后的图像效果，如图8-59所示。

图8-59

图8-59（续）

8.1.13 渐变映射

打开一张图片，如图8-60所示。选择"图像 > 调整 > 渐变映射"命令，弹出"渐变映射"对话框，如图8-61所示。单击"点按可编辑渐变"按钮，在弹出的"渐变编辑器"对话框中设置渐变色，如图8-62所示。单击"确定"按钮，图像效果如图8-63所示。

图8-60

图8-61

图8-62

图8-63

灰度映射所用的渐变：用于选择和设置渐变。

仿色：用于为转变色阶后的图像增加仿色。

反向：用于反转转变色阶后的图像颜色。

8.1.14 阴影/高光

打开一张图片，如图8-64所示。选择"图像 > 调整 > 阴影/高光"命令，弹出"阴影/高光"对话框，设置如图8-65所示。单击"确定"按钮，效果如图8-66所示。

图8-64

图8-65

图8-66

8.1.15 色相/饱和度

打开一张图片，如图8-67所示。选择"图像 > 调整 > 色相/饱和度"命令，或按Ctrl+U组合键，弹出"色相/饱和度"对话框，设置如图8-68所示。单击"确定"按钮，效果如图8-69所示。

图8-67

图8-68

图8-69

预设：用于选择要调整的色彩范围，可以通过拖曳各选项中的滑块来调整图像的色相、饱和度和明度。

着色：用于在由灰度模式转化而来的色彩模式图像中添加需要的颜色。

在对话框中勾选"着色"复选框，设置如图8-70所示，单击"确定"按钮，图像效果如图8-71所示。

图8-70

图8-71

8.1.16 课堂案例——制作吉他广告

【案例学习目标】学习使用不同的调色命令调整图片的颜色。

【案例知识要点】使用可选颜色命令、曝光度命令和照片滤镜命令调整图片颜色，使用横排文字工具和字符面板添加文字，最终效果如图8-72所示。

【效果所在位置】Ch08/效果/制作吉他广告.psd。

图8-72

（1）按Ctrl+O组合键，打开本书学习资源中的"Ch08 > 素材 > 制作吉他广告 > 01"文件，如图8-73所示。按Ctrl+J组合键，复制图层，如图8-74所示。

图8-73

图8-78

图8-74

（2）选择"图像 > 调整 > 可选颜色"命令，弹出"可选颜色"对话框，选择"红色"，选项的设置如图8-75所示；选择"白色"，选项的设置如图8-76所示，单击"确定"按钮，效果如图8-77所示。

图8-75

图8-76

图8-77

（3）选择"图像 > 调整 > 曝光度"命令，在弹出的对话框中进行设置，如图8-78所示，单击"确定"按钮，效果如图8-79所示。

图8-79

（4）选择"图像 > 调整 > 照片滤镜"命令，在弹出的对话框中进行设置，如图8-80所示，单击"确定"按钮，效果如图8-81所示。

图8-80

图8-81

（5）新建图层并将其命名为"装饰"。将前景色设为白色。选择"自定形状"工具 ，在属性栏中单击"形状"选项，弹出形状面板，单击面板右上方的 按钮，在弹出的菜单中选择"形状"选项，弹出提示对话框，单击"追加"按钮。在"形状"面板中选择需要的图形，如图8-82所示。在属性栏的"选择工具模式"选项中选择"像素"，在图像窗口中拖曳鼠标绘制图形，效果如图8-83所示。

图8-82　　　　　　　　　　　图8-83

（6）将前景色设为暗蓝色（其R、G、B的值分别为0、53、72）。选择"横排文字"工具 T.，在图像窗口中分别输入需要的文字并选取文字，在属性栏中分别选择合适的字体并设置文字大小，如图8-84所示，在"图层"控制面板中分别生成新的文字图层。选取需要的文字，填充为橙色（其R、G、B的值分别为255、163、2），如图8-85所示。

图8-84　　　　　　　　　　　图8-85

（7）选取下方的文字图层。选择"窗口 > 字符"命令，弹出"字符"控制面板，选项的设置如图8-86所示，按Enter键确认操作，效果如图8-87所示。

图8-86　　　　　　　　　　　图8-87

（8）将前景色设为橙色（其R、G、B的值分别为255、163、2）。选择"横排文字"工具 T.，在图像窗口中分别输入需要的文字并选取文字，在属性栏中分别选择合适的字体并设置文字大小，如图8-88所示，在"图层"控制面板中分别生成新的文字图层。选取需要的文字，填充为白色，效果如图8-89所示。吉他广告制作完成。

图8-88　　　　　　　　　　　图8-89

8.1.17　可选颜色

打开一张图片，如图8-90所示。选择"图像 > 调整 > 可选颜色"命令，弹出"可选颜色"对话框，设置如图8-91所示。单击"确定"按钮，效果如图8-92所示。

图8-90

图8-91

图8-92

颜色：可以选择图像中含有的不同色彩，通过拖曳滑块或输入数值调整青色、洋红、黄色、黑色的百分比。

方法：可以选择调整方法，包括"相对"和"绝对"。

8.1.18 曝光度

打开一张图片，如图8-93所示。选择"图像 > 调整 > 曝光度"命令，弹出"曝光度"对话框，设置如图8-94所示。单击"确定"按钮，效果如图8-95所示。

图8-93

图8-94

图8-95

曝光度：可以调整色彩范围的高光端，对极限阴影的影响很轻微。

位移：可以使阴影和中间调变暗，对高光的影响很轻微。

灰度系数校正：可以使用乘方函数调整图像的灰度系数。

8.1.19 照片滤镜

照片滤镜命令用于模仿传统相机的滤镜效果处理图像，通过调整图片颜色获得各种丰富的效果。

打开一张图片。选择"图像 > 调整 > 照片滤镜"命令，弹出"照片滤镜"对话框，如图8-96所示。

图8-96

滤镜：用于选择颜色调整的过滤模式。

颜色：单击右侧的图标，弹出"选择滤镜颜色"对话框，可以设置颜色值对图像进行过滤。

浓度：可以设置过滤颜色的百分比。

保留明度：勾选此复选框，图片的白色部分颜色保持不变；取消勾选此复选框，则图片的全部颜色都随之改变，效果如图8-97所示。

图8-97

8.2 特殊颜色处理

特殊颜色处理命令可以使图像产生独特的颜色变化。

8.2.1 课堂案例——制作姐妹照片

【案例学习目标】学习使用替换颜色命令、去色命令和色调分离命令调整图片颜色。

【案例知识要点】使用矩形工具和图层样式制作矩形，使用替换颜色命令替换耳机颜色，使用去色命令和色调分离命令制作单色照片，使用创建剪贴蒙版命令制作照片，使用横排文字工具添加文字，最终效果如图8-98所示。

【效果所在位置】Ch08/效果/制作姐妹照片.psd。

图8-98

（1）按Ctrl+O组合键，打开本书学习资源中的"Ch08 > 素材 > 制作姐妹照片 > 01"文件，如图8-99所示。将前景色设为白色。新建图层并将其命名为"矩形"。选择"矩形"工具 □，在属性栏的"选择工具模式"选项中选择"像素"，在图像窗口中绘制矩形，如图8-100所示。

图8-99　　　　　　图8-100

（2）按Ctrl+T组合键，在图像周围出现变换框，将鼠标光标放在变换框的控制手柄外边，光标变为旋转图标 ↰，拖曳

图8-101

鼠标将图像旋转到适当的角度，按Enter键确认操作，效果如图8-101所示。

（3）单击"图层"控制面板下方的"添加图层样式"按钮 fx.，在弹出的菜单中选择"描边"命令，弹出对话框，将"颜色"选项设为白色，其他选项的设置如图8-102所示。

图8-102

（4）选择"内阴影"选项，切换到相应的对话框，选项的设置如图8-103所示；选择"投影"选项，切换到相应的对话框，选项的设置如图8-104所示，单击"确定"按钮，效果如图8-105所示。

（5）按Ctrl+J组合键，复制并生成拷贝图层。在图像窗口中调整图形的角度和大小，效果如图8-106所示。

图8-103

图8-104

图8-105

图8-106

（6）将"矩形拷贝"图层拖曳到"矩形"图层的下方，效果如图8-107所示。用相同方法复制另外一个矩形，并调整其大小及角度，效果如图8-108所示。

图8-107

图8-108

（7）按Ctrl+O组合键，打开本书学习资源中的"Ch08 > 素材 > 制作姐妹照片 > 02"文件，如图8-109所示。选择"图像 > 调整 > 替换颜色"命令，弹出"替换颜色"对话框。在图像窗口中单击吸取要替换的颜色，其他选项的设置如图8-110所示。单击"确定"按钮，效果如图8-111所示。

图8-109

图8-110

图8-111

（8）选择"矩形"图层。选择"移动"工具 ⊕ ，将02图片拖曳到图像窗口中的适当位置，并调整其大小，效果如图8-112所示，在"图层"控制面板中生成新的图层并将其命名为"照片1"。按Alt+Ctrl+G组合键，创建剪贴蒙版，效果如图8-113所示。

图8-112

图8-113

（9）按Ctrl+O组合键，打开本书学习资源中的"Ch08 > 素材 > 制作姐妹照片 > 03"文件，如图8-114所示。选择"图像 > 调整 > 去色"命令，去除图片颜色，效果如图8-115所示。

图8-114

图8-115

（10）选择"图像 > 调整 > 色调分离"命令，弹出"色调分离"对话框，选项的设置如图8-116所示，单击"确定"按钮，效果如图8-117所示。

图8-116

图8-117

（11）选择"矩形 拷贝2"图层。选择"移动"工具 ⊕.，将03图片拖曳到图像窗口中的适当位置，并调整其大小，效果如图8-118所示，在"图层"控制面板中生成新的图层并将其命名为"照片2"。按Alt+Ctrl+G组合键，创建剪贴蒙版，效果如图8-119所示。

图8-118　　　　图8-119

（12）选择"矩形 拷贝"图层。按Ctrl+O组合键，打开本书学习资源中的"Ch08 > 素材 > 制作姐妹照片 > 04"文件。选择"移动"工具 ⊕.，将04图片拖曳到图像窗口中的适当位置，并调整其大小，效果如图8-120所示，在"图层"控制面板中生成新的图层并将其命名为"照片3"。按Alt+Ctrl+G组合键，创建剪贴蒙版，效果如图8-121所示。

图8-120　　　　图8-121

（13）将前景色设为红色（其R、G、B的值分别为253、75、50）。选择"横排文字"工具 T.，在图像窗口中输入需要的文字并选择文字，在属性栏中选择合适的字体并设置大小，效果如图8-122所示，在"图层"控制面板中生成新的文字图层。

图8-122

（14）单击"图层"控制面板下方的"添加图层样式"按钮 fx.，在弹出的菜单中选择"描边"命令，弹出对话框，将"颜色"选项设为白色，其他选项的设置如图8-123所示，单击"确定"按钮，效果如图8-124所示。姐妹照片制作完成，效果如图8-125所示。

图8-123

图8-124　　　　图8-125

8.2.2　去色

选择"图像 > 调整 > 去色"命令，或按Shift+Ctrl+U组合键，可以去掉图像中的色彩，使图像变为灰度图，但图像的色彩模式并不改变。"去色"命令也可以用于图像的选区，将选区中的图像去色。

8.2.3　阈值

打开一张图片，如图8-126所示。选择"图像 > 调整 > 阈值"命令，弹出"阈值"对话框，设置如图8-127所示。单击"确定"按钮，图像效果如图8-128所示。

图8-126

图8-127

图8-128

阈值色阶： 可以通过拖曳滑块或输入数值改变图像的阈值。系统将使大于阈值的像素变为白色，小于阈值的像素变为黑色，使图像具有高度反差。

8.2.4　色调分离

打开一张图片，如图8-129所示。选择"图像 > 调整 > 色调分离"命令，弹出"色调分离"对话框，设置如图8-130所示。单击"确定"按钮，效果如图8-131所示。

图8-129

图8-130

图8-131

色阶： 可以指定色阶数，系统将以256阶的亮度对图像中的像素亮度进行分配。色阶数值越高，图像产生的变化越小。

8.2.5　替换颜色

替换颜色命令能够将图像中的颜色进行替换。

打开一张图片，如图8-132所示。选择"图像 > 调整 > 替换颜色"命令，弹出"替换颜色"对话框。在图像中单击吸取要替换的颜色，再调整色相、饱和度和明度，设置"结果"选项为蓝色，其他选项的设置如图8-133所示。单击"确定"按钮，效果如图8-134所示。

图8-132

图8-133

图8-134

8.2.6 课堂案例——制作素描人物

【案例学习目标】学习使用调整命令调整图像颜色。

【案例知识要点】使用亮度/对比度命令和通道混合器命令调整图像颜色，使用图层蒙版和画笔工具制作素描效果，使用图层的混合模式制作图片融合，最终效果如图8-135所示。

【效果所在位置】Ch08/效果/制作素描人物.psd。

图8-135

（1）按Ctrl+O组合键，打开本书学习资源中的"Ch08 > 素材 > 制作素描人物 > 01"文件，如图8-136所示。按Ctrl+J组合键，复制图层，如图8-137所示。

图8-136　　　　　　　　图8-137

（2）选择"图像 > 调整 > 亮度/对比度"命令，在弹出的对话框中进行设置，如图8-138所示，单击"确定"按钮，效果如图8-139所示。

图8-138

图8-139

（3）选择"图像 > 调整 > 通道混合器"命令，弹出"通道混合器"对话框，勾选"单色"复选框，其他选项的设置如图8-140所示，单击"确定"按钮，效果如图8-141所示。

图8-140

图8-141

（4）新建图层并将其命名为"画笔"。将前景色设为白色。按Alt+Delete组合键，用前景色填充图层，如图8-142所示。单击"图层"控制面板下方的"添加蒙版"按钮 ▫，为图层添加蒙版，如图8-143所示。

图8-142　　　　　　　　图8-143

（5）将前景色设为黑色。选择"画笔"工具 ，在属性栏中单击"画笔"选项，弹出画笔选择面板，在面板中选择需要的画笔形状，设置如图8-144所示，在图像窗口中擦除不需要的图像，效果如图8-145所示。

图8-144　　　　　　图8-145

（6）新建图层并将其命名为"浅色"。将前景色设为肤色（其R、G、B的值分别为255、244、233）。按Alt+Delete组合键，用前景色填充图层，如图8-146所示。在"图层"控制面板上方，将该图层的混合模式选项设为"正片叠底"，如图8-147所示，图像效果如图8-148所示。

（7）按Ctrl+O组合键，打开本书学习资源中的"Ch08 > 素材 > 制作素描人物 > 02"文件。选择"移动"工具 ，将02文字拖曳到图像窗口中的适当位置，效果如图8-149所示，在"图层"控制面板中生成新的图层并将其命名为"文字"。素描人物制作完成。

图8-146　　　　　　图8-147

图8-148　　　　　　　　图8-149

8.2.7　通道混合器

打开一张图片，如图8-150所示。选择"图像 > 调整 > 通道混合器"命令，弹出"通道混合器"对话框，设置如图8-151所示。单击"确定"按钮，效果如图8-152所示。

图8-150

图8-151

图8-152

输出通道：可以选择要调整的通道。

源通道：可以设置输出通道中源通道所占的百分比。

常数：可以调整输出通道的灰度值。

单色：可以将彩色图像转换为黑白图像。

8.2.8　匹配颜色

　　匹配颜色命令用于对色调不同的图片进行调整，统一成一个协调的色调。

　　打开两张不同色调的图片，如图8-153和图8-154所示。选择需要调整的图片，选择"图像 > 调整 > 匹配颜色"命令，弹出"匹配颜色"对话框，在"源"选项中选择匹配文件的名称，再设置其他选项，如图8-155所示，单击"确定"按钮，效果如图8-156所示。

图8-153　　　　　　　图8-154

图8-155

图8-156

目标：显示所选择匹配文件的名称。

应用调整时忽略选区：勾选此复选框，可以忽略图中的选区调整整张图像的颜色；不勾选此复选框，只调整图像中选区内的颜色，效果如图8-157和图8-158所示。

图8-157　　　　　　　图8-158

图像选项：可以通过拖动滑块或输入数值来调整图像的明亮度、颜色强度和渐隐的数值。

中和：可以确定是否消除图像中的色偏。

图像统计：可以设置图像的颜色来源。

课堂练习——制作购物广告

【练习知识要点】使用图层样式制作人物外发光，使用色彩平衡命令改变眼镜、皮肤、衣服和包的颜色，最终效果如图8-159所示。

【效果所在位置】Ch08/效果/制作购物广告.psd。

图8-159

课后习题——制作家居海报

【习题知识要点】使用可选颜色命令、曝光度命令和照片滤镜命令调整图片颜色，使用横排文字工具添加文字，最终效果如图8-160所示。

【效果所在位置】Ch08/效果/制作家居海报.psd。

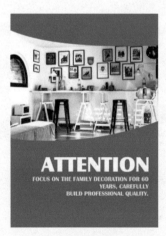

图8-160

第 9 章

图层的应用

本章介绍

    本章主要介绍图层的应用技巧，讲解图层的混合模式、样式以及填充和调整图层、复合图层、盖印图层与智能对象等高级操作。通过对本章的学习，读者可以掌握图层的高级应用技巧，制作出丰富多变的图像效果。

学习目标

◆ 掌握图层混合模式和图层样式的使用。

◆ 掌握新建填充和调整图层的应用技巧。

◆ 了解图层复合、盖印和智能对象图层。

技能目标

◆ 掌握"合成特效"的制作方法。

◆ 掌握"计算机图标"的制作方法。

◆ 掌握"美食城堡宣传单"的制作方法。

9.1 图层的混合模式

图层混合模式在图像处理及效果制作中被广泛应用,特别是在多个图像合成方面更有其独特的作用及灵活性。

9.1.1 课堂案例——制作合成特效

【案例学习目标】学习使用混合模式制作合成特效。

【案例知识要点】使用混合模式、图层蒙版和画笔工具制作图片融合,使用横排文字工具和图层样式添加文字,最终效果如图9-1所示。

图9-1

【效果所在位置】Ch09/效果/制作合成特效.psd。

(1)按Ctrl+O组合键,打开本书学习资源中的"Ch09 > 素材 > 制作合成特效 > 01、02"文件,01文件如图9-2所示。选择"移动"工具⊕,将02图片拖曳到01图像窗口中的适当位置,并调整其大小,如图9-3所示,在"图层"控制面板中生成新的图层并将其命名为"人物"。

图9-2   图9-3

(2)在"图层"控制面板上方,将该图层的混合模式选项设为"柔光",如图9-4所示,图像效果如图9-5所示。

图9-4   图9-5

(3)单击"图层"控制面板下方的"添加蒙版"按钮▢,为图层添加蒙版,如图9-6所示。将前景色设为黑色。选择"画笔"工具✐,在属性栏中单击"画笔"选项,弹出画笔选择面板,设置如图9-7所示,在图像窗口中拖曳鼠标擦除不需要的图像,效果如图9-8所示。

图9-6   图9-7

图9-8

(4)按Ctrl+J组合键,复制图层并生成"人物拷贝"图层,如图9-9所示,图像效果如图9-10所示。

图9-9   图9-10

(5)选择"横排文字"工具T,在图像窗

口中输入需要的文字并选取文字，在属性栏中选择合适的字体并设置大小，如图9-11所示，在"图层"控制面板中生成新的文字图层。选择"窗口 > 字符"命令，在弹出的面板中进行设置，如图9-12所示，按Enter键确认操作，文字效果如图9-13所示。

图9-11

图9-12

图9-13

（6）单击"图层"控制面板下方的"添加图层样式"按钮 fx.，在弹出的菜单中选择"外发光"命令，在弹出的对话框中进行设置，如图9-14所示，单击"确定"按钮，效果如图9-15所示。合成特效制作完成。

图9-14

图9-15

9.1.2 图层混合模式

图层的混合模式用于使用图层间的混合制作特殊的合成效果。

在"图层"控制面板中，"设置图层的混合模式"选项 正常 用于设定图层的混合模式，它包含27种。打开一张图片，如图9-16所示，"图层"控制面板如图9-17所示。

图9-16　　　　　图9-17

在对"橱窗"图层应用不同的混合模式后，图像效果如图9-18所示。

溶解　　　　　变暗　　　　　正片叠底

颜色加深　　　线性加深　　　深色

变亮　　　　　滤色　　　　　颜色减淡

图9-18

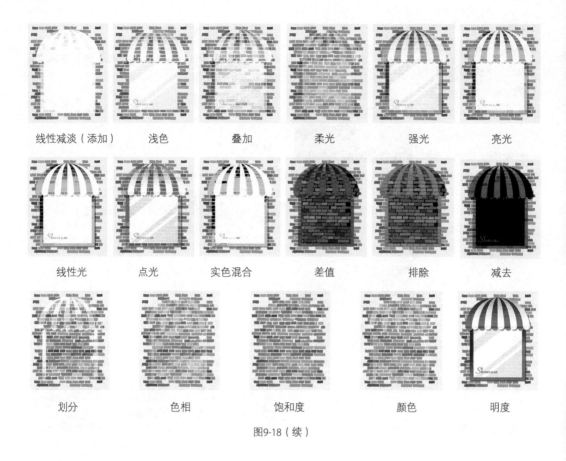

线性减淡（添加）	浅色	叠加	柔光	强光	亮光
线性光	点光	实色混合	差值	排除	减去
划分	色相	饱和度	颜色	明度

图9-18（续）

图层样式用于为图层中的图像添加斜面浮雕、发光、叠加和投影等效果，制作具有丰富质感的图像。

9.2.1 课堂案例——制作计算器图标

【案例学习目标】学习使用图层样式制作计算器图标。

【案例知识要点】使用圆角矩形工具、矩形工具和椭圆工具绘制图标底图和符号，使用图层样式制作立体效果，最终效果如图9-19所示。

【效果所在位置】Ch09/效果/制作计算器图标.psd。

图9-19

（1）按Ctrl＋N组合键，新建一个文件，宽度为8.5cm，高度为8.5cm，分辨率为150像素/英寸，颜色模式为RGB，背景内容为白色，单击

"确定"按钮。

（2）选择"油漆桶"工具 ，在属性栏的"设置填充区域的源"选项中选择"图案"，单击右侧的图案选项，弹出图案选择面板，单击右上方的 按钮，在弹出的菜单中选择"彩色纸"命令，弹出提示对话框，单击"追加"按钮。在面板中选择需要的图案，如图9-20所示。在图像窗口中单击填充图像，效果如图9-21所示。

图9-20　　　　　　　图9-21

（3）选择"圆角矩形"工具 ，在属性栏的"选择工具模式"选项中选择"形状"，将"半径"选项设为80像素，在图像窗口中拖曳鼠标绘制形状，效果如图9-22所示。单击"图层"控制面板下方的"添加图层样式"按钮 ，在弹出的菜单中选择"斜面和浮雕"命令，弹出对话框，将"高光颜色"设为浅青色（其R、G、B的值分别为230、234、244），其他选项的设置如图9-23所示。

图9-22

图9-23

（4）选择"渐变叠加"选项，弹出相应的对话框，单击"渐变"选项右侧的"点按可编辑渐变"按钮 ，弹出"渐变编辑器"对话框，将渐变色设为从浅青色（其R、G、B的值分别为213、219、239）到青灰色（其R、G、B的值分别为184、194、216），如图9-24所示，单击"确定"按钮。返回"渐变叠加"对话框，其他选项的设置如图9-25所示。

图9-24

图9-25

（5）选择"投影"选项，弹出相应的对话框，选项的设置如图9-26所示，单击"确定"按钮，图像效果如图9-27所示。

（6）将前景色设为白色。选择"圆角矩形"工具 ，在属性栏中将"半径"选项设为60像素，在图像窗口中拖曳鼠标绘制形状，效果如图9-28所示。选择"矩形"工具 ，在属性栏的

"选择工具模式"选项中选择"形状"，在属性栏中单击"路径操作"按钮□，在弹出的菜单中选择"合并形状"命令，在图像窗口中绘制形状，如图9-29所示。用相同的方法再绘制矩形，效果如图9-30所示。

图9-31

图9-26

图9-32

图9-27　　　　　　　图9-28

图9-29　　　　　　　图9-30

（7）单击"图层"控制面板下方的"添加图层样式"按钮，在弹出的菜单中选择"斜面和浮雕"命令，在弹出的对话框中进行设置，如图9-31所示。选择"投影"选项，弹出相应的对话框，将"投影颜色"设为暗灰色（其R、G、B的值分别为95、98、104），其他选项的设置如图9-32所示，单击"确定"按钮，图像效果如图9-33所示。选择"移动"工具，按住Alt键的同时，将图形拖曳到适当的位置，复制图形，效果如图9-34所示。

图9-33　　　　　　　图9-34

（8）按Ctrl+T组合键，在图形周围出现变换框，在变换框中单击鼠标右键，在弹出的菜单中选择"水平翻转"命令，水平翻转图形，按Enter键确认操作，效果如图9-35所示。按住Shift键的同时，选择"圆角矩形2"图层和"圆角矩形2拷贝"图层，将其同时选取，如图9-36所示。

图9-35

图9-36

136

（9）按住Alt键的同时，将图形拖曳到适当的位置，复制图形，效果如图9-37所示。按Ctrl+T组合键，在图形周围出现变换框，在变换框中单击鼠标右键，在弹出的菜单中选择"垂直翻转"命令，垂直翻转图形，按Enter键确认操作，效果如图9-38所示。

图9-37　　　　　　　图9-38

（10）双击最上方图层的"斜面和浮雕"图层样式，弹出对话框，将"高光颜色"设为暗红色（其R、G、B的值分别为133、1、0），其他选项的设置如图9-39所示。选择"颜色叠加"选项，弹出相应的对话框，将"叠加颜色"设为红色（其R、G、B的值分别为204、36、34），其他选项的设置如图9-40所示，单击"确定"按钮，图像效果如图9-41所示。

（11）将前景色设为红色（其R、G、B的值分别为204、36、34）。选择"椭圆"工具 ○.，在属性栏的"选择工具模式"选项中选择"形状"，按住Shift键的同时，在图像窗口中绘制圆形，如图9-42所示。

图9-40

图9-41　　　　　　　图9-42

（12）单击"图层"控制面板下方的"添加图层样式"按钮 fx.，在弹出的菜单中选择"渐变叠加"命令，弹出对话框，单击"渐变"选项右侧的"点按可编辑渐变"按钮，弹出"渐变编辑器"对话框，将渐变色设为从红色（其R、G、B的值分别为222、60、58）到暗红色（其R、G、B的值分别为204、19、18），如图9-43所示，单击"确定"按钮。返回"渐变叠加"对话框，其他选项的设置如图9-44所示。

图9-39

图9-43

图9-44

（13）选择"外发光"选项，弹出相应的对话框，将发光颜色设为浅红色（其R、G、B的值分别为254、143、141），其他选项的设置如图9-45所示，单击"确定"按钮，效果如图9-46所示。

图9-45

图9-46

（14）将前景色设为青灰色（其R、G、B的值分别为154、174、198）。选择"圆角矩形"工具 ▢，在属性栏中将"半径"选项设为5像素，在图像窗口中拖曳鼠标绘制形状，效果如图9-47所示。在属性栏中单击"路径操作"按钮 ▢，在弹出的菜单中选择"合并形状"命令，在图像窗口中绘制形状，如图9-48所示。

图9-47

图9-48

（15）单击"图层"控制面板下方的"添加图层样式"按钮 ƒx，在弹出的菜单中选择"描边"命令，弹出对话框，将"描边颜色"设为白色，其他选项的设置如图9-49所示。选择"内阴影"选项，弹出相应的对话框，选项的设置如图9-50所示，单击"确定"按钮，效果如图9-51所示。用相同的方法制作其他符号，效果如图9-52所示。

图9-49

图9-50

图9-51

图9-52

（16）双击最上方的图层样式，选择"颜色叠加"选项，弹出相应的对话框，将"叠加颜色"设为白色，其他选项的设置如图9-53所示，单击"确定"按钮，效果如图9-54所示。计算器图标制作完成。

图9-53

图9-54

9.2.2 样式控制面板

"样式"控制面板用于存储各种图层特效，并将其快速地套用在要编辑的对象中，以节省操作步骤和操作时间。

打开一幅图像，选择要添加样式的图层，如图9-55所示。选择"窗口 > 样式"命令，弹出"样式"控制面板，单击右上方的 ≡ 图标，在弹出的菜单中选择"按钮"命令，弹出提示对话框，如图9-56所示，单击"确定"按钮，样式被载入控制面板中。选择"内斜面投

图9-55

影"样式，如图9-57所示，图形被添加样式，效果如图9-58所示。

图9-56

图9-57　　　　　　　图9-58

样式添加完成后，"图层"控制面板如图9-59所示。如果要删除其中某个样式，将其直接拖曳到控制面板下方的"删除图层"按钮上，如图9-60所示，删除后的效果如图9-61所示。

图9-59

图9-60　　　　　　　图9-61

9.2.3 图层样式

Photoshop提供了多种图层样式可供选择，可以单独为图像添加一种样式，也可以同时为图像添加多种样式。

单击"图层"控制面板右上方的 ≡ 图标，弹出面板菜单，选择"混合选项"命令，

弹出对话框，如图9-62所示。单击对话框左侧的任意选项，将弹出相应的效果对话框。还可以单击"图层"控制面板下方的"添加图层样式"按钮 *fx*，弹出其下拉菜单命令，如图9-63所示。

图9-62

图9-63

"斜面和浮雕"命令用于使图像产生一种倾斜与浮雕的效果，"描边"命令用于为图像描边，"内阴影"命令用于使图像内部产生阴影效果，如图9-64所示。

斜面和浮雕

　描边　　　　　　　内阴影

图9-64

"内发光"命令用于在图像的边缘内部产生一种辉光效果，"光泽"命令用于使图像产生一种光泽的效果，"颜色叠加"命令用于使图像产生一种颜色叠加效果，如图9-65所示。

内发光

　光泽　　　　　　颜色叠加

图9-65

"渐变叠加"命令用于使图像产生一种渐变叠加效果，"图案叠加"命令用于在图像上添加图案效果，如图9-66所示。

　渐变叠加　　　　　　图案叠加

图9-66

"外发光"命令用于在图像的边缘外部产生一种辉光效果，"投影"命令用于使图像产生阴影效果，如图9-67所示。

　外发光　　　　　　　投影

图9-67

9.3 新建填充和调整图层

填充图层可以为图层添加纯色、渐变和图案，调整图层是将调整色彩和色调命令应用于图层，两种调整都是在不改变原图层像素的前提下创建特殊的图像效果。

9.3.1 课堂案例——制作美食城堡宣传单

【案例学习目标】学习使用填充和调整图层制作宣传单。

【案例知识要点】使用图案填充命令、图层的混合模式和不透明度制作底纹，使用色阶调整层调整背景颜色，使用横排文字工具、字符面板和图层样式制作文字，最终效果如图9-68所示。

【效果所在位置】Ch09/效果/制作美食城堡宣传单.psd。

图9-68

（1）按Ctrl+O组合键，打开本书学习资源中的"Ch09 > 素材 > 制作美食城堡宣传单 > 01"文件，如图9-69所示。单击"图层"控制面板下方的"创建新的填充或调整图层"按钮 ●，在弹出的菜单中选择"图案填充"命令，在"图层"控制面板中生成"图案填充 1"图层，同时弹出"图案填充"对话框，单击左侧的图案选项，弹出图案选择面板，单击右上方的 ● 按钮，在弹出的菜单中选择"彩色纸"命令，弹出提示对话框，单击"追加"按钮。在面板中选择需要的图案，如图9-70所示。对话框中选项的设置如图9-71所示，单击"确定"按钮，效果如图9-72所示。

图9-69　　　　　图9-70

图9-71　　　　　图9-72

（2）在"图层"控制面板上方，将该图层的混合模式选项设为"划分"，"不透明度"选项设为60%，如图9-73所示，按Enter键确认操作，效果如图9-74所示。

图9-73　　　　　图9-74

（3）单击"图层"控制面板下方的"创建新的填充或调整图层"按钮 ●，在弹出的菜单中选择"色阶"命令，在"图层"控制面板中生成"色阶1"图层，同时弹出"色阶"面板，选项的设置如图9-75所示，按Enter键确认操作，效果如图9-76所示。

图9-75

图9-76

（4）按Ctrl+O组合键，打开本书学习资源中的"Ch09>素材>制作美食城堡宣传单>02、03"文件。选择"移动"工具，将02、03图片分别拖曳到01图像窗口中的适当位置，并调整其大小，如图9-77所示，在"图层"控制面板中分别生成新的图层并将其命名为"彩带"和"城堡"。

图9-77

（5）单击"图层"控制面板下方的"添加图层样式"按钮，在弹出的菜单中选择"投影"命令，在弹出的对话框中进行设置，如图9-78所示，单击"确定"按钮，图像效果如图9-79所示。

（6）将前景色设为浅黄色（其R、G、B的值分别为255、246、199）。选择"横排文字"工具，在图像窗口中分别输入需要的文字并选取文字，在属性栏中分别选择合适的字体并设置大小，如图9-80所示，在"图层"控制面板中分别生成新的文字图层。选择"美食城堡"文字图层。选择"窗口>字符"命令，弹出"字符"面板，选项的设置如图9-81所示，按Enter键确认操作，文字效果如图9-82所示。

图9-78

图9-79

图9-80

图9-81

图9-82

（7）单击"图层"控制面板下方的"添加图层样式"按钮，在弹出的菜单中选择"斜面和浮雕"命令，在弹出的对话框中进行设置，如图9-83所示。选择"描边"选项，弹出相应的对话框，将描边颜色设为棕色（其R、G、B的值分别为179、141、110），其他选项的设置如图9-84所示，单击"确定"按钮，效果如图9-85所示。选择"横排文字"工具，在需要的位置单击插入光标，如图9-86所示。

图9-83

图9-84

图9-85

图9-86

（8）在"字符"控制面板中，选项的设置如图9-87所示，按Enter键确认操作，文字效果如图9-88所示。

图9-87

图9-88

（9）选择"横排文字"工具 T.，在图像窗口中输入需要的文字并选取文字，在属性栏中

选择合适的字体并设置大小，如图9-89所示，在"图层"控制面板中分别生成新的文字图层。美食城堡宣传单制作完成，效果如图9-90所示。

图9-89　　　　　　图9-90

9.3.2　填充图层

选择"图层 > 新建填充图层"命令，或单击"图层"控制面板下方的"创建新的填充和调整图层"按钮 ◑.，弹出填充图层的3种方式，如图9-91所示，选择其中的一种方式，弹出"新建图层"对话框。这里以"渐变填充"为例，如图9-92所示，单击"确定"按钮，弹出"渐变填充"对话框，如图9-93所示。单击"确定"按钮，"图层"控制面板和图像的效果如图9-94和图9-95所示。

纯色(O)...
渐变(G)...
图案(R)...

图9-91

图9-92

图9-93

图9-94　　　　　　　　　图9-95

图9-97

图9-98

9.3.3　调整图层

选择"图层 > 新建调整图层"命令，或单击"图层"控制面板下方的"创建新的填充或调整图层"按钮 ●.，弹出调整图层的多种方式，如图9-96所示，选择其中的一种方式，将弹出"新建图层"对话框，如图9-97所示。选择不同的调整方式，将弹出不同的调整面板。以"色相/饱和度"为例，设置如图9-98所示，按Enter键确认操作，"图层"控制面板和图像的效果如图9-99和图9-100所示。

纯色...
渐变...
图案...

亮度/对比度...
色阶...
曲线...
曝光度...

自然饱和度...
色相/饱和度...
色彩平衡...
黑白...
照片滤镜...
通道混合器...
颜色查找...

反相
色调分离...
阈值...
渐变映射...
可选颜色...

图9-96

图9-99　　　　　　　图9-100

9.4 ▶ 图层复合、盖印图层与智能对象图层

应用图层复合、盖印图层、智能对象图层可以提高制作图像的效率，快速得到制作过程中的步骤效果。

9.4.1　图层复合

图层复合可将同一文件中的不同图层效果组合并另存为多个"图层效果组合"，可以更加方便、快捷地展示和比较不同图层组合设计的视觉效果。

1. 控制面板

设计好的图像效果如图9-101所示，"图层"控制面板如图9-102所示。选择"窗口 > 图

图9-101

层复合"命令，弹出"图层复合"控制面板，如图9-103所示。

图9-102　　　　　　图9-103

2. 创建图层复合

单击"图层复合"控制面板右上方的 ☰ 图标，在弹出的菜单中选择"新建图层复合"命令，弹出"新建图层复合"对话框，如图9-104所示，单击"确定"按钮，建立"图层复合1"，如图9-105所示，所建立的"图层复合1"中存储的是当前制作的效果。

图9-104

图9-105

再对图像进行修饰和编辑，图像效果如图9-106所示，"图层"控制面板如图9-107所示。选择"新建图层复合"命令，建立"图层复合2"，如图9-108所示，所建立的"图层复合2"中存储的是修饰编辑后制作的效果。

图9-106

图9-107　　　　　　图9-108

3. 查看图层复合

在"图层复合"控制面板中单击"图层复合1"左侧的方框，显示 ◨ 图标，如图9-109所示，可以观察"图层复合1"中的图像，如图9-110所示。单击"图层复合2"左侧的方框，显示 ◨ 图标，如图9-111所示，可以观察"图层复合2"中的图像，如图9-112所示。

图9-109　　　　　　图9-110

图9-111　　　　　　图9-112

单击"应用选中的上一图层复合"按钮◀和"应用选中的下一图层复合"按钮▶，可以快速地对两次的图像编辑效果进行比较。

9.4.2　盖印图层

盖印图层是将图像窗口中所有当前显示出来的图像合并到一个新的图层中。

在"图层"控制面板中选中一个可见图层，如图9-113所示。按Alt+Shift+Ctrl+E组合键，将每个图层中的图像复制并合并到一个新的图层中，如图9-114所示。

图9-113　　　　　　图9-114

提示

在执行此操作时，必须选择一个可见的图层，否则将无法实现此操作。

9.4.3　智能对象图层

智能对象可以将一个或多个图层，甚至是一个矢量图形文件包含在Photoshop文件中。以智能对象形式嵌入Photoshop文件中的位图或矢量文件与当前的Photoshop文件能够保持相对的独立性。当对Photoshop文件进行修改或对智能对象进行变形、旋转时，不会影响嵌入的位图或矢量文件。

1.　创建智能对象

选择"文件 > 置入"命令，为当前的图像文件置入一个矢量文件或位图文件。

打开一幅图像，如图9-115所示，"图层"控制面板图9-116所示。选择"图层 > 智能对象 > 转换为智能对象"命令，可以将选中的图层转换为智能对象图层，如图9-117所示。

图9-115　　　　　　图9-116

图9-117

在Illustrator软件中对矢量对象进行复制，再回到Photoshop软件中将复制的对象进行粘贴，可创建智能对象图层。

2.　编辑智能对象

双击"枫树"图层的缩览图，Photoshop将打开一个新文件，即为智能对象"枫树"，如图9-118所示。此智能对象文件包含一个普通图层，如图9-119所示。

图9-118　　　　　　图9-119

在智能对象文件中对图像进行修改并保存，效果如图9-120所示。保存修改后，修改操作将影响嵌入此智能对象文件的图像最终效果，如图9-121所示。

图9-120　　　　　　图9-121

课堂练习——制作趣味文字

【练习知识要点】使用横排文字工具和变换命令制作文字，使用矩形工具、椭圆工具、矩形选框工具和定义图案命令绘制和定义图案，使用图层样式制作趣味文字，最终效果如图9-122所示。

【效果所在位置】Ch09/效果/制作趣味文字.psd。

图9-122

课后习题——制作艺术照片

【习题知识要点】使用色阶和曲线调整层更改图片颜色，使用图案填充命令制作底纹效果，使用横排文字工具和图层样式制作文字，最终效果如图9-123所示。

【效果所在位置】Ch09/效果/制作艺术照片.psd。

图9-123

第 *10* 章

应用文字

本章介绍

本章主要介绍Photoshop中文字的应用技巧。通过对本章的学习，读者要了解并掌握文字的功能及特点，快速地掌握点文字、段落文字的输入方法以及变形文字的设置和路径文字的制作技巧。

学习目标

◆ 掌握文字的输入和编辑技巧。

◆ 了解创建变形文字与路径文字的技巧。

技能目标

◆ 掌握"诗词页"的制作方法。

◆ 掌握"音乐卡片"的制作方法。

10.1　文字的输入与编辑

应用文字工具输入文字，使用字符和段落控制面板可以对文字进行编辑和调整。

10.1.1　课堂案例——制作诗词页

【案例学习目标】学习使用直排文字工具添加页面文字。

【案例知识要点】使用填充命令填充背景，使用直排文字工具和字符面板制作页面文字，使用椭圆工具绘制装饰图形，最终效果如图10-1所示。

【效果所在位置】Ch10/效果/制作诗词页.psd。

图10-1

（1）按Ctrl+N组合键，新建一个文件，宽度为10cm，高度为13.3cm，分辨率为100像素/英寸，颜色模式为RGB，背景内容为白色，单击"确定"按钮。将前景色设为浅绿色（其R、G、B的值分别为212、255、247）。按Alt+Delete组合键，用前景色填充背景图层，效果如图10-2所示。

（2）按Ctrl+O组合键，打开本书学习资源中的"Ch10 > 素材 > 制作诗词页 > 01"文件，选择"移动"工具↔，将01图片拖曳到新建文件的适当位置，并调整其大小，效果如图10-3所示，在"图层"控制面板中生成新的图层并将其命名为"图片"。

图10-2　　　　　　　图10-3

（3）将前景色设为黑色。选择"直排文字"工具↓T，在图像窗口中分别输入需要的文字并选取文字，在属性栏中分别选择合适的字体并设置大小，如图10-4所示，在"图层"控制面板中分别生成新的文字图层。

图10-4

（4）选择"文化风"文字图层。选择"窗口 > 字符"命令，弹出"字符"面板，选项的设置如图10-5所示，按Enter键确认操作，文字效果如图10-6所示。

图10-5　　　　　　　图10-6

（5）选择另一个文字图层。在"字符"面

板中进行设置，如图10-7所示，按Enter键确认操作，文字效果如图10-8所示。

图10-7　　　　　　　图10-8

（6）选择"直排文字"工具 IT.，在图像窗口中分别输入需要的文字并选取文字，在属性栏中分别选择合适的字体并设置大小，如图10-9所示，在"图层"控制面板中分别生成新的文字图层。选择"小清新是女文青……"文字图层，在"字符"面板中进行设置，如图10-10所示，按Enter键确认操作，文字效果如图10-11所示。

图10-9

图10-10　　　　　　　图10-11

（7）选择"小清新实质上……"文字图层，在"字符"面板中进行设置，如图10-12所示，按Enter键确认操作，文字效果如图10-13所示。

图10-12　　　　　　　图10-13

（8）按Ctrl＋O组合键，打开本书学习资源中的"Ch10 > 素材 > 制作诗词页 > 02"文件，选择"移动"工具 ⊕，将02图片拖曳到新建文件的适当位置，并调整其大小，效果如图10-14所示，在"图层"控制面板中生成新的图层并将其命名为"盆栽"。

（9）将前景色设为灰绿色（其R、G、B的值分别为100、149、137）。选择"椭圆"工具 ○.，在属性栏的"选择工具模式"选项中选择"形状"，按住Shift键的同时，在图像窗口中绘制圆形选区，如图10-15所示。诗词页制作完成。

图10-14　　　　　　　图10-15

10.1.2　输入水平、垂直文字

选择"横排文字"工具 T.，或按T键，其属性栏状态如图10-16所示。

图10-16

切换文本取向 IT：用于切换文字输入的方向。

Adobe 黑体 Std ∨ - ∨：用于设定文字的字体及属性。

⊤ 12点 ∨：用于设定字体的大小。

ᵃₐ 锐利 ∨：用于消除文字的锯齿，包括无、锐利、犀利、浑厚和平滑5个选项。

▤ ▥ ▦：用于设定文字的段落格式，分别是左对齐、居中对齐和右对齐。

■：用于设置文字的颜色。

创建文字变形⊥：用于对文字进行变形操作。

切换字符和段落面板▤：用于打开"段落"和"字符"控制面板。

取消所有当前编辑⊘：用于取消对文字的操作。

提交所有当前编辑✓：用于确定对文字的操作。

从文本创建3D³ᴰ：用于从文本图层创建3D对象。

选择"直排文字"工具｜⊤.，可以在图像中创建垂直文本。创建直排文字工具属性栏和创建横排文字工具属性栏的功能基本相同，这里就不再赘述。

10.1.3 创建文字形状选区

"**横排文字蒙版**"工具⊤.：可以在图像中创建文本的选区。创建文本选区工具属性栏和创建文本工具属性栏的功能基本相同，这里就不再赘述。

"**直排文字蒙版**"工具｜⊤.：可以在图像中创建垂直文本的选区。创建直排文字选区工具属性栏和创建文本工具属性栏的功能基本相同，这里就不再赘述。

10.1.4 字符设置

"字符"控制面板用于编辑文本字符。

选择"窗口 > 字符"命令，弹出"字符"控制面板，如图10-17所示。

字体 Adobe 黑体 Std ∨：单击选项右侧的∨按钮，可在其下拉列表中选择字体。

字体大小⊤ 12点 ∨：在选项的数值框中直接输入数值，或单击选项右侧的∨按钮，可在其下拉列表中选择字体大小的数值。

图10-17

设置行距｜ᴬ(自动) ∨：在选项的数值框中直接输入数值，或单击选项右侧的∨按钮，在其下拉列表中选择需要的行距数值，可以调整文本段落的行距，效果如图10-18所示。

数值为自动时的文字效果

数值为16时的文字效果

数值为36时的文字效果

图10-18

设置两个字符间的字距微调ᵂᴬ₀ ∨：在两个字符间插入光标，在选项的数值框中输入数值，或单击选项右侧的∨按钮，可在其下拉列表中选择需要的字距数值。输入正值时，字符的间距加大；输入负值时，字符的间距缩小，效果如图10-19所示。

数值为0时的文字效果

数值为200时的文字效果

数值为-200时的文字效果

图10-19

设置所选字符的字距调整 ⚹ 0 ▾ ：在选项的数值框中直接输入数值，或单击选项右侧的 ▾ 按钮，在其下拉列表中选择字距数值，可以调整文本段落的字距。输入正值时，字距加大；输入负值时，字距缩小，效果如图10-20所示。

数值为0时的效果

数值为100时的效果

数值为-100时的效果

图10-20

设置所选字符的比例间距 ⬚ 0% ▾ ：在选项的下拉列表中选择百分比数值，可以对所选字符的比例间距进行细微的调整，效果如图10-21所示。

数值为0%时的文字效果

数值为100%时的文字效果

图10-21

垂直缩放 ᴵT 100% ：在选项的数值框中直接输入数值，可以调整字符的高度，效果如图10-22所示。

数值为100%时的文字效果

数值为150%时的文字效果

数值为200%时的文字效果

图10-22

水平缩放 I 100% ：在选项的数值框中输入数值，可以调整字符的宽度，效果如图10-23所示。

数值为100%时的文字效果

数值为120%时的文字效果

数值为180%时的文字效果

图10-23

设置基线偏移 A︢ᵗ 0点 ：选中字符，在选项的数值框中直接输入数值，可以调整字符上下移动。输入正值时，使水平字符上移，使直排字符右移；输入负值时，使水平字符下移，使直排字符左移，效果如图10-24所示。

选中字符

数值为20时的文字效果

数值为-10时的文字效果

图10-24

设置文本颜色 ⬛ ：在图标上单击，弹出"选择文本颜色"对话框，在对话框中设置需要的颜色后，单击"确定"按钮，可改变文字的颜色。

设定字符形式 T T ᴛᴛ Tᵣ Tᵀ T₁ T Ŧ ：从左到右依次为"仿粗体"按钮 T、"仿斜体"按钮 T、"全部大写字母"按钮 ᴛᴛ、"小型大写字母"按钮 Tᵣ、"上标"按钮 Tᵀ、"下标"按钮 T₁、"下划线"按钮 T 和"删除线"按钮 Ŧ。单击需要的按钮，得到的不同形式效果如图10-25所示。

正常效果

仿粗体效果

仿斜体效果

全部大写字母效果

小型大写字母效果

上标效果

下标效果

下划线效果

删除线效果

图10-25

语言设置 美国英语 ⌄ ：单击选项右侧的⌄按钮，可在其下拉列表中选择需要的字典。选择字典主要用于拼写检查和连字的设定。

设置消除锯齿的方法 锐利 ⌄ ：可以选择无、锐利、犀利、浑厚和平滑5种消除锯齿的方法。

10.1.5 输入段落文字

建立段落文字图层就是以段落文字框的方式建立文字图层。

选择"横排文字"工具 T.，将鼠标光标移动到图像窗口中，光标变为 I 图标。单击并按住鼠标左键不放拖曳鼠标，在图像窗口中创建一个段落定界框，如图10-26所示。插入点显示在定界框的左上角，段落定界框具有自动换行的功能，如果输入的文字较多，则当文字遇到定界框时，会自动换到下一行显示，输入文字，效果如图10-27所示。

图10-26　　　　　　　　图10-27

如果输入的文字需要分段落，可以按Enter键进行操作，还可以对定界框进行旋转、拉伸等操作。

10.1.6 段落设置

"段落"控制面板用于编辑文本段落。选择"窗口 > 段落"命令，弹出"段落"控制面板，如图10-28所示。

图10-28

▣▤▥：用于调整文本段落中每行的对齐方式，包括左对齐、中间对齐、右对齐。

▤▥▦：用于调整段落的对齐方式，包括段落最后一行左对齐、段落最后一行中间对齐、段落最后一行右对齐。

全部对齐▣：用于设置整个段落中的行两端对齐。

左缩进↦▤：在选项中输入数值可以设置段落左端的缩进量。

右缩进▤↤：在选项中输入数值可以设置段落右端的缩进量。

首行缩进↱▤：在选项中输入数值可以设置段

落第一行的左端缩进量。

段前添加空格⁺≣：在选项中输入数值可以设置当前段落与前一段落的距离。

段后添加空格₊≣：在选项中输入数值可以设置当前段落与后一段落的距离。

避头尾法则设置、间距组合设置：用于设置段落的样式。

连字：用于确定文字是否与连字符连接。

10.1.7 栅格化文字

"图层"控制面板如图10-29所示。选择"文字 > 栅格化文字图层"命令，可以将文字图层转换为图像图层，如图10-30所示。也可用鼠标

右键单击文字图层，在弹出的菜单中选择"栅格化文字"命令。

图10-29　　　　　　　图10-30

10.1.8 载入文字的选区

按住Ctrl键的同时，单击文字图层的缩览图，即可载入文字选区。

10.2 ▶ 创建变形文字与路径文字

在Photoshop中可以应用创建变形文字与路径文字命令制作出多样的文字效果。

10.2.1 课堂案例——制作音乐卡片

【案例学习目标】学习使用文字工具添加宣传单文字。

【案例知识要点】使用横排文字工具和字符面板输入文字，使用文字变形命令制作变形文字，使用图层样式为文字添加特殊效果，最终效果如图10-31所示。

【效果所在位置】Ch10/效果/制作音乐卡片.psd。

图10-31

（1）按Ctrl+O组合键，打开本书学习资源中的"Ch10 > 素材 > 制作音乐卡片 > 01"文件，如图10-32所示。将前景色设为蓝色（其R、G、B的值分别为0、156、208）。选择"横排文字"工具

T.，在图像窗口中输入需要的文字并选取文字，在属性栏中选择合适的字体并分别设置大小，如图10-33所示，在"图层"控制面板中生成新的文字图层。

图10-32　　　　　　　图10-33

（2）选取需要的文字，在属性栏中将"颜色"选项设为品红色（其R、G、B的值分别为231、0、158），填充文字，效果如图10-34所示。

图10-34

（3）单击"图层"控制面板下方的"添加图层样式"按钮 fx.，在弹出的菜单中选择"描边"命令，弹出对话框，将"描边颜色"设为白色，其他选项的设置如图10-35所示。选择"内阴影"选项，弹出相应的对话框，选项的设置如图10-36

所示。

图10-35

图10-36

（4）选择"外发光"选项，弹出相应的对话框，选项的设置如图10-37所示，单击"确定"按钮，效果如图10-38所示。

图10-37

图10-38

（5）选择"文字 > 文字变形"命令，在弹出的对话框中进行设置，如图10-39所示，单击"确定"按钮，文字效果如图10-40所示。

图10-39

图10-40

（6）选择"横排文字"工具 T.，在图像窗口中分别输入需要的文字并选取文字，在属性栏中分别选择合适的字体并设置大小。选取需要的文字，填充为白色，效果如图10-41所示，在"图层"控制面板中分别生成新的文字图层。

图10-41

（7）选择"音乐世界·无处不在"文字图层。选择"窗口 > 字符"命令，弹出"字符"面板，选项的设置如图10-42所示，按Enter键确认操作，文字效果如图10-43所示。

图10-42　　　　　　图10-43

（8）选择"最完美的音乐释放"文字图层。在"字符"面板中进行设置，如图10-44所示，按Enter键确认操作，文字效果如图10-45所示。

图10-44

图10-45

（9）单击"图层"控制面板下方的"添加图层样式"按钮 *fx.*，在弹出的菜单中选择"描边"命令，弹出对话框，将"描边颜色"设为白色，其他选项的设置如图10-46所示。选择"外发光"选项，弹出相应的对话框，选项的设置如图10-47所示，单击"确定"按钮，效果如图10-48所示。音乐卡片制作完成，效果如图10-49所示。

图10-46

图10-47

图10-48　　　　　　　图10-49

10.2.2　变形文字

变形文字命令可以对文字进行多种样式的变形，如扇形、旗帜、波浪、膨胀、扭转等。

1. 制作扭曲变形文字

打开一幅图像。选择"横排文字"工具 T.，在属性栏中设置文字的属性，如图10-50所示，将鼠标光标移动到图像窗口中，光标变成 图标。在图像窗口中单击，此时出现一个文字的插入点，输入需要的文字，效果如图10-51所示，在"图层"控制面板中生成新的文字图层。

图10-50

图10-51

单击属性栏中的"创建文字变形"按钮 ，弹出"变形文字"对话框，如图10-52所示，其中"样式"选项中有15种文字的变形效果，如图10-53所示。

图10-52　　　　　　　图10-53

应用各种样式得到的文字变形效果如图10-54所示。

扇形	下弧	上弧	拱形
凸起	贝壳	花冠	旗帜
波浪	鱼形	增加	鱼眼
膨胀	挤压	扭转

图10-54

2. 设置变形选项

如果要修改文字的变形效果，可以调出"变形文字"对话框，在对话框中重新设置样式或更改当前应用样式的数值。

3. 取消文字变形效果

如果要取消文字的变形效果，可以调出"变形文字"对话框，在"样式"选项的下拉列表中选择"无"选项。

10.2.3 路径文字

在Photoshop中可以将文字建立在路径上，并应用路径对文字进行调整。

1. 在路径上创建文字

选择"钢笔"工具 ⬤，在图像中绘制一条路径，如图10-55所示。选择"横排文字"工具 T，将鼠标光标放在路径上，光标变为↓图标，如图10-56所示，单击路径出现闪烁的光标，此处为输入文字的起始点。输入的文字会沿着路径的形状进行排列，效果如图10-57所示。

图10-55   图10-56

图10-57

文字输入完成后，在"路径"控制面板中会自动生成文字路径层，如图10-58所示。取消"视图 > 显示额外内容"命令的选中状态，可以隐藏文字路径，如图10-59所示。

图10-58 　　　　　　　　　　图10-59

🔍 提示

　　"路径"控制面板中的文字路径层与"图层"控制面板中相对的文字图层是相链接的，删除文字图层时，文字的路径层会自动被删除，删除其他工作路径不会对文字的排列有影响。如果要修改文字的排列形状，需要对文字路径进行修改。

2. 在路径上移动文字

　　选择"路径选择"工具 ▶，将鼠标光标放置在文字上，光标显示为 ♪ 图标，如图10-60所示，单击并沿着路径拖曳鼠标，可以移动文字，效果如图10-61所示。

图10-60 　　　　　　　　　　图10-61

3. 在路径上翻转文字

　　选择"路径选择"工具 ▶，将鼠标光标放置在文字上，光标显示为 ♪ 图标，如图10-62所示，将文字向路径内部拖曳，可以沿路径翻转文字，效果如图10-63所示。

图10-62 　　　　　　　　　　图10-63

4. 修改绕排形态

　　选择"直接选择"工具 ▶，在路径上单击，路径上显示出控制手柄，拖曳控制手柄修改路径的形状，如图10-64所示，文字会按照修改后的路径进行排列，效果如图10-65所示。

图10-64 　　　　　　　　　　图10-65

课堂练习——制作房地产广告

　　【练习知识要点】使用绘图工具绘制插画背景，使用横排文字工具和图层样式制作标题文字，使用直线工具和自定形状工具绘制装饰图形，使用横排文字工具添加宣传文字，最终效果如图10-66所示。

　　【效果所在位置】Ch10/效果/制作房地产广告.psd。

图10-66

课后习题——制作运动鞋海报

【**习题知识要点**】使用横排文字工具输入文字，使用创建文字变形命令制作变形文字，使用图层蒙版和画笔工具绘制音符，最终效果如图10-67所示。

【**效果所在位置**】Ch10/效果/制作运动鞋海报.psd。

图10-67

第 *11* 章

通道与蒙版

本章介绍

本章主要介绍Photoshop中通道与蒙版的使用方法。通过对本章的学习，读者要掌握通道的基本操作和运算方法，以及各种蒙版的创建和使用技巧，从而快速、准确地创作出精美的图像。

学习目标

◆ 了解通道、运算和蒙版的使用方法。

◆ 熟悉图层蒙版的使用技巧。

◆ 掌握剪贴蒙版和矢量蒙版的创建方法。

技能目标

◆ 掌握"炫彩画面效果"的制作方法。

◆ 掌握"照片特效"的制作方法。

◆ 掌握"瓶中世界"的制作方法。

◆ 掌握"产品展示卡"的制作方法。

11.1 ▶ 通道的操作

应用通道控制面板可以对通道进行创建、复制、删除、分离、合并等操作。

11.1.1 课堂案例——制作炫彩画面效果

【案例学习目标】学习使用通道面板抠出人物。

【案例知识要点】使用通道控制面板、反相命令和画笔工具抠出人物，使用渐变叠加图层样式调整人物颜色，使用矩形选框工具、定义图案命令和图案填充调整层制作纹理，使用渐变工具、图层混合模式和高斯模糊滤镜命令制作炫彩效果，使用横排文字工具和字符面板添加文字，最终效果如图11-1所示。

图11-1

【效果所在位置】Ch11/效果/制作炫彩画面效果.psd。

（1）按Ctrl+O组合键，打开本书学习资源中的"Ch11 > 素材 > 制作炫彩画面效果 > 01"文件，如图11-2所示。选择"窗口 > 通道"命令，弹出"通道"控制面板，如图11-3所示。选中"红"通道，将其拖曳到控制面板下方的"创建新通道"按钮 上，复制通道，如图11-4所示，图像效果如图11-5所示。

图11-2

图11-3

图11-4

图11-5

（2）按Ctrl+I组合键，反相图像，效果如图11-6所示。将前景色设为白色。选择"画笔"工具 ，在属性栏中单击"画笔"选项，弹出画笔选择面板，在面板中选择需要的画笔形状，设置如图11-7所示，在图像窗口中绘制人物，效果如图11-8所示。

图11-6

图11-7

图11-8

（3）将前景色设为黑色。在图像窗口中绘制背景，效果如图11-9所示。按住Ctrl键的同时，单击"红拷贝"通道，白色图像周围生成选区。选中"RGB"通道，图像效果如图11-10所示。

图11-9　　　　　　图11-10

（4）按Ctrl＋N组合键，新建一个文件，宽度为12.5cm，高度为10cm，分辨率为100像素/英寸，颜色模式为RGB，背景内容为白色，单击"确定"按钮。将前景色设为肤色（其R、G、B的值分别为255、235、229）。按Alt+Delete组合键，用前景色填充背景图层，效果如图11-11所示。

（5）选择"移动"工具 ⊕，将选区中的图像拖曳到新建图像窗口中的适当位置，效果如图11-12所示，在"图层"控制面板中生成新的图层并将其命名为"人物"。

图11-11　　　　　　图11-12

（6）单击"图层"控制面板下方的"添加图层样式"按钮 fx，在弹出的菜单中选择"渐变叠加"命令，弹出对话框，单击"渐变"选项右侧的 ˅ 按钮，弹出预设面板，选择需要的渐变预设，如图11-13所示，其他选项的设置如图11-14所示。单击"确定"按钮，图像效果如图11-15所示。

（7）按Ctrl＋N组合键，新建一个文件，宽度为0.11cm，高度为0.11cm，分辨率为72像素/英寸，颜色模式为RGB，背景内容为白色，单击"确定"按钮。选择"矩形选框"工具 ▭，按住Shift键的同时，在适当的位置绘制正方形选区，如图11-16所示。单击属性栏中的"添加到选区"按钮 ▣，再次绘制两个选区，如图11-17所示。

图11-13

图11-14

图11-15　　　图11-16　　　图11-17

（8）双击"背景"图层，弹出"新建图层"对话框，单击"确定"按钮。将前景色设为黑色。按Alt+Delete组合键，用前景色填充选区。取消选区后，效果如图11-18所示。选择"编辑 > 定义图案"命令，在弹出的对话框中进行设置，如图11-19所示，单击"确定"按钮，定义图案。

图11-18

图11-19

（9）回到新建的文档。单击"图层"控制面板下方的"创建新的填充或调整图层"按钮 ●，

162

在弹出的菜单中选择"图案填充"命令，在"图层"控制面板中生成"图案填充1"图层，同时弹出"图案填充"对话框，单击左侧的图案选项，弹出图案选择面板，选择刚定义的图案，如图11-20所示。对话框中选项的设置如图11-21所示，单击"确定"按钮，效果如图11-22所示。

图11-20

图11-21

图11-22

（10）在"图层"控制面板上方，将该图层的"不透明度"选项设为32%，如图11-23所示，按Enter键确认操作，效果如图11-24所示。

图11-23　　　　　　图11-24

（11）新建图层并将其命名为"彩色"。选择"渐变"工具，单击属性栏中的"点按可编辑渐变"按钮，弹出"渐变编辑器"对话框，在"预设"选项中选择需要的渐变预设，如图11-25所示，单击"确定"按钮。在图像窗口中从左上方向右下方拖曳渐变色，图像效果如图11-26所示。

图11-25

图11-26

（12）在"图层"控制面板上方，将该图层的混合模式选项设为"颜色"，如图11-27所示，图像效果如图11-28所示。

图11-27　　　　　　图11-28

（13）选择"滤镜 > 模糊 > 高斯模糊"命令，在弹出的对话框中进行设置，如图11-29所示，单击"确定"按钮，效果如图11-30所示。

图11-29　　　　　　图11-30

（14）单击"图层"控制面板下方的"添加蒙版"按钮 ▣，为图层添加蒙版，如图11-31所示。将前景色设为黑色。选择"画笔"工具 ✎，在属性栏中单击"画笔"选项，弹出画笔选择面板，设置如图11-32所示，在图像窗口中拖曳鼠标擦除不需要的图像，效果如图11-33所示。

图11-31

图11-32

图11-33

（15）将前景色设为黑灰色（其R、G、B的值分别为28、1、49）。选择"横排文字"工具 T，在图像窗口中输入需要的文字并选取文字，在属性栏中选择合适的字体并设置大小，如图11-34所示，在"图层"控制面板中生成新的文字图层。

（16）选择"移动"工具 ✛，按Ctrl+T组合键，在文字周围出现变换框，拖曳控制手柄旋转文字，按Enter键确认操作，效果如图11-35所示。

图11-34

图11-35

（17）选择"窗口 > 字符"命令，在弹出的面板中进行设置，如图11-36所示，按Enter键确认操作，文字效果如图11-37所示。炫彩画面效果制作完成。

图11-36

图11-37

11.1.2 通道控制面板

通道控制面板可以管理所有的通道并对通道进行编辑。

选择"窗口 > 通道"命令，弹出"通道"控制面板，如图11-38所示。在控制面板中，放置区用于存放当前图像中存在的所有通道。在通道放置区中，如果选中的只是其中的一个通道，则只有这个通道处于选中状态，通道上将出现一个蓝色条。如果想选中多个通道，可以按住Shift键，再单击其他通道。通道左侧的眼睛图标 ◉ 用于显示或隐藏颜色通道。

图11-38

在"通道"控制面板的底部有4个工具按钮，如图11-39所示。

图11-39

将通道作为选区载入 ○：用于将通道作为选择区域调出。

将选区存储为通道 ▣：用于将选择区域存入通道中。

创建新通道 ◰：用于创建或复制新的通道。

删除当前通道 🗑：用于删除图像中的通道。

11.1.3 创建新通道

在编辑图像的过程中，可以建立新的通道。

单击"通道"控制面板右上方的 ☰ 图标，弹出其面板菜单，选择"新建通道"命令，弹出

"新建通道"对话框，如图11-40所示。

图11-40

名称：用于设置当前通道的名称。

色彩指示：用于选择保护区域。

颜色：用于设置新通道的颜色。

不透明度：用于设置当前通道的不透明度。

单击"确定"按钮，"通道"控制面板中将创建一个新通道，即Alpha 1，面板如图11-41所示。

单击"通道"控制面板下方的"创建新通道"按钮 ，也可以创建一个新通道。

图11-41

11.1.4 复制通道

复制通道命令用于将现有的通道进行复制，产生相同属性的多个通道。

单击"通道"控制面板右上方的 图标，弹出其面板菜单，选择"复制通道"命令，弹出"复制通道"对话框，如图11-42所示。

图11-42

为：用于设置复制出的新通道的名称。

文档：用于设置复制通道的文件来源。

将需要复制的通道拖曳到控制面板下方的"创建新通道"按钮 上，即可将所选的通道复制为一个新的通道。

11.1.5 删除通道

单击"通道"控制面板右上方的 图标，弹出其命令菜单，选择"删除通道"命令，即可将通道删除。

单击"通道"控制面板下方的"删除当前通道"按钮 ，弹出提示对话框，如图11-43所示，单击"是"按钮，可将通道删除。也可将需要删除的通道直接拖曳到"删除当前通道"按钮 上进行删除。

图11-43

11.1.6 通道选项

单击"通道"控制面板右上方的 图标，弹出其面板菜单，在弹出的菜单中选择"通道选项"命令，弹出"通道选项"对话框，如图11-44所示。

图11-44

名称：用于命名通道的名称。

被蒙版区域：表示蒙版区为深色显示，非蒙版区为透明显示。

所选区域：表示蒙版区为透明显示，非蒙版区为深色显示。

专色：表示以专色显示。

颜色：用于设定填充蒙版的颜色。

不透明度：用于设定蒙版的不透明度。

11.1.7 课堂案例——制作照片特效

【案例学习目标】学习使用分离通道和合并通道命令制作照片特效。

【**案例知识要点**】使用分离通道和合并通道命令制作图像效果，使用曝光度命令和色阶命令调整图片颜色，使用彩色半调滤镜命令为图片添加特效，最终效果如图11-45所示。

【**效果所在位置**】

Ch11/效果/制作照片特效.psd。

图11-45

（1）按Ctrl＋O组合键，打开本书学习资源中的"Ch11 > 素材 > 制作照片特效 > 01"文件，如图11-46所示。选择"窗口 > 通道"命令，弹出"通道"控制面板，如图11-47所示。

图11-46　　　　　　　　图11-47

（2）单击"通道"控制面板右上方的 ≡ 图标，在弹出的菜单中选择"分离通道"命令，将图像分离成"红""绿""蓝"3个通道文件，如图11-48所示。选择"红"通道，如图11-49所示。

图11-48　　　　　　　　图11-49

（3）选择"图像 > 调整 > 曝光度"命令，在弹出的对话框中进行设置，如图11-50所示，单击"确定"按钮，效果如图11-51所示。

图11-50

图11-51

（4）选择"绿"通道，如图11-52所示。选择"图像 > 调整 > 色阶"命令，在弹出的对话框中进行设置，如图11-53所示，单击"确定"按钮，效果如图11-54所示。选择"蓝"通道，如图11-55所示。

图11-52

图11-53

图11-54　　　　　　　图11-55

（5）选择"滤镜 > 像素化 > 彩色半调"命令，在弹出的对话框中进行设置，如图11-56所示，单击"确定"按钮，效果如图11-57所示。

图11-56

图11-57

（6）单击"通道"控制面板右上方的 ☰ 图标，在弹出的菜单中选择"合并通道"命令，在弹出的对话框中进行设置，如图11-58所示，单击"确定"按钮，弹出"合并RGB通道"对话框，如图11-59所示，单击"确定"按钮，合并通道，图像效果如图11-60所示。

图11-58

图11-59

图11-60

（7）将前景色设为白色。选择"横排文字"工具 **T.**，在适当的位置分别输入需要的文字并选取文字，在属性栏中选择合适的字体并分别设置大小，效果如图11-61所示，在"图层"控制面板中分别生成新的文字图层。

图11-61

（8）按住Ctrl键的同时，选取3个文字图层。在"图层"控制面板上方，将图层的"不透明度"选项设为85%，如图11-62所示，图像效果如图11-63所示。选择"窗口 > 字符"命令，在弹出的面板中进行设置，如图11-64所示，按Enter键确

认操作，文字效果如图11-65所示。照片特效制作完成。

图11-62

图11-63

图11-64

图11-65

11.1.8 专色通道

专色通道是指在CMYK四色以外单独制作的一个通道，用来放置金色、银色或一些需要特别要求的专色。

1. 新建专色通道

单击"通道"控制面板右上方的 ☰ 图标，弹出其面板菜单。在弹出的菜单中选择"新建专色通道"命令，弹出"新建专色通道"对话框，如图11-66所示。

图11-66

名称： 用于输入新通道的名称。

颜色： 用于选择特别的颜色。

密度： 用于输入特别色的显示透明度，取值范围为0%~100%。

2. 制作专色通道

单击"通道"控制面板中新建的专色通道。选择"画笔"工具 ✐，在"画笔"控制面板中进行设置，如图11-67所示，在图像中进行绘制，效果如图11-68所示，"通道"控制面板中的效果如图11-69所示。

图11-67

图11-68

图11-69

🔍 提示

前景色为黑色，绘制时的专色是显示的。前景色是其他中间色，绘制时的专色是不同透明度的特别色。前景色为白色，绘制时的专色是隐藏的。

3. 将新通道转换为专色通道

单击"通道"控制面板中的"Alpha 1"通道，如图11-70所示。单击"通道"控制面板右上方的 ☰ 图标，弹出其面板菜单。在弹出的菜单中选择"通道选项"命令，弹出"通道选项"对话框，选中"专色"单选项，其他选项的设置如图11-71所示。单击"确定"按钮，将"Alpha 1"通道转换为专色通道，如图11-72所示。

图11-70

图11-71　　　　图11-72

4. 合并专色通道

单击"通道"控制面板中新建的专色通道，如图11-73所示。单击"通道"控制面板右上方的 ☰ 图标，弹出其面板菜单，在弹出的菜单中选择"合并专色通道"命令，可将专色通道合并，效果如图11-74所示。

图11-73　　　　图11-74

11.1.9　分离与合并通道

单击"通道"控制面板右上方的 ☰ 图标，弹出其面板菜单，在弹出的菜单中选择"分离通道"命令，可将图像中的每个通道分离成各自独立的8 bit灰度图像。图像原始效果如图11-75所示，分离后的效果如图11-76所示。

图11-75

图11-76

单击"通道"控制面板右上方的 ≣ 图标，弹出其面板菜单，选择"合并通道"命令，弹出"合并通道"对话框，如图11-77所示。设置完成后单击"确定"按钮，弹出"合并RGB通道"对话框，如图11-78所示，可以在选定的色彩模式中为每个通道指定一幅灰度图像，被指定的图像可以是同一幅图像，也可以是不同的图像，但这些图像的大小必须是相同的。在合并之前，所有要合并的图像都必须是打开的，尺寸要保持一致，且为灰度图像，单击"确定"按钮，效果如图11-79所示。

图11-77

图11-78

图11-79

11.2 ▶ 通道运算

通道运算可以按照各种合成方式合成单个或几个通道中的图像。通道运算的图像尺寸必须一致。

11.2.1 应用图像

选择"图像 > 应用图像"命令，弹出"应用图像"对话框，如图11-80所示。

图11-80

源：用于选择源文件。

图层：用于选择源文件的层。

通道：用于选择源通道。

反相：用于在处理前先反转通道内的内容。

目标：能显示出目标文件的文件名、层、通道及色彩模式等信息。

混合：用于选择混色模式，即选择两个通道对应像素的计算方法。

不透明度：用于设定图像的不透明度。

蒙版：用于加入蒙版以限定选区。

🔍 提示

"应用图像"命令要求源文件与目标文件的尺寸大小必须相同，因为参加计算的两个通道内的像素是一一对应的。

打开两幅图像。选择"图像 > 图像大小"命令，弹出"图像大小"对话框。分别将两张图像设置为相同的尺寸，设置好后，单击"确定"按钮，效果如图11-81和图11-82所示。

图11-81　　　　　　　图11-82

在两幅图像的"通道"控制面板中分别建立通道蒙版，其中黑色表示遮住的区域。返回到两幅图像的RGB通道，效果如图11-83和图11-84所示。

图11-83　　　　　　　图11-84

选择"02"文件。选择"图像 > 应用图像"命令，弹出"应用图像"对话框，设置如图11-85所示。单击"确定"按钮，两幅图像混合后的效果如图11-86所示。

图11-85

图11-86

在"应用图像"对话框中，勾选"蒙版"选项的复选框，弹出其他选项，如图11-87所示。设置好后，单击"确定"按钮，两幅图像混合后的效果如图11-88所示。

图11-87

图11-88

11.2.2　运算

选择"图像 > 计算"命令，弹出"计算"对话框，如图11-89所示。

图11-89

第1个选项组的"源1"选项用于选择源文件1，"图层"选项用于选择源文件1中的层，"通道"选项用于选择源文件1中的通道，"反相"选项用于反转。第2个选项组的"源2""图层""通道"和"反相"选项用于选择源文件2的相应信息。第3个选项组的"混合"选项用于选择混色模式,"不透明度"选项用于设定不透明度。"结果"选项用于指定处理结果的存放位置。

选择"图像>计算"命令,弹出"计算"对话框,设置如图11-90所示,单击"确定"按钮,两幅图像通道运算后的新通道效果如图11-91所示。

图11-90

图11-91

> 提示
>
> "计算"命令虽然与"应用图像"命令一样,都是对两个通道的相应内容进行计算处理,但是二者也有区别。用"应用图像"命令处理后的结果可作为源文件或目标文件使用;而用"计算"命令处理后的结果则存成一个通道,如存成Alpha通道,使其可转变为选区以供其他工具使用。

11.3 通道蒙版

在通道中可以快速地创建和存储蒙版,从而达到编辑图像的目的。

11.3.1 快速蒙版的制作

打开一张图片,如图11-92所示。选择"快速选择"工具,在帽子上拖曳鼠标生成选区,如图11-93所示。

图11-92 图11-93

单击工具箱下方的"以快速蒙版模式编辑"

按钮,进入蒙版状态,选区暂时消失,图像中的未选择区域变为红色,如图11-94所示。"通道"控制面板中将自动生成快速蒙版,如图11-95所示,图像效果如图11-96所示。

图11-94 图11-95

图11-96

🔍 提示

系统预设蒙版颜色为半透明的红色。

选择"画笔"工具 ✐ ，在画笔工具属性栏中进行设置，如图11-97所示。将快速蒙版中商标的矩形区域绘制成白色，图像效果和"通道"控制面板如图11-98和图11-99所示。

图11-97

图11-98

图11-99

11.3.2　在Alpha通道中存储蒙版

在图像中绘制选区，如图11-100所示。选择"选择 > 存储选区"命令，弹出"存储选区"对话框，设置如图11-101所示，单击"确定"按钮，建立通道蒙版"帽子"。或单击"通道"控制面板中的"将选区存储为通道"按钮 ▣ ，建立通道蒙版"帽子"，如图11-102和图11-103所示。

图11-100

图11-101

图11-102　　　　　图11-103

将图像保存，再次打开图像时，选择"选择 > 载入选区"命令，弹出"载入选区"对话框，设置如图11-104所示，单击"确定"按钮，将"帽子"通道的选区载入。或单击"通道"控制面板中的"将通道作为选区载入"按钮 ◌ ，将"帽子"通道作为选区载入，效果如图11-105所示。

图11-104

图11-105

11.4 图层蒙版

图层蒙版可以使图层中图像的某些部分被处理成透明和半透明的效果，而且可以恢复已经处理过的图像，是Photoshop的一种独特的图像处理方式。

11.4.1 课堂案例——制作瓶中世界

【案例学习目标】学习使用图层蒙版制作图片的遮罩效果。

【案例知识要点】使用图层的混合模式融合图片，使用图层蒙版和画笔工具制作局部颜色遮罩，最终效果如图11-106所示。

【效果所在位置】Ch11/效果/制作瓶中世界.psd。

图11-106

（1）按Ctrl+O组合键，打开本书学习资源中的"Ch11 > 素材 > 制作瓶中世界 > 01、02"文件。选择"移动"工具 ⊕，将02图像拖曳到01图像窗口中的适当位置，效果如图11-107所示，在"图层"控制面板中生成新的图层并将其命名为"瓶子"。单击"图层"控制面板下方的"添加蒙版"按钮 �’，为图层添加蒙版，如图11-108所示。

图11-107

图11-108

（2）将前景色设为黑色。选择"画笔"工具 ✐，在属性栏中单击"画笔"选项，弹出画笔选择面板，设置如图11-109所示。在属性栏中将"不透明度"选项设为40%，在图像窗口中拖曳鼠标擦除不需要的图像，效果如图11-110所示。

图11-109

图11-110

（3）按Ctrl+O组合键，打开本书学习资源中的"Ch11 > 素材 > 制作瓶中世界 > 03"文件。选择"移动"工具 ⊕，将03图像拖曳到01图像窗口中的适当位置，效果如图11-111所示，在"图层"控制面板中生成新的图层并将其命名为"人物"。

图11-111

（4）在"图层"控制面板上方，将该图层的混合模式选项设为"正片叠底"，如图11-112所示，图像效果如图11-113所示。

图11-112

图11-113

（5）单击"图层"控制面板下方的"添加蒙版"按钮 ◻ ，为图层添加蒙版，如图11-114所示。选择"画笔"工具 ✐ ，在图像窗口中拖曳鼠标擦除不需要的图像，效果如图11-115所示。按Ctrl+J组合键，复制图像，效果如图11-116所示。

图11-114

图11-115

图11-116

（6）单击"图层"控制面板下方的"创建新的填充或调整图层"按钮 ◑ ，在弹出的菜单中选择"色相/饱和度"命令，在"图层"控制面板中生成"色相/饱和度1"图层，同时弹出"色相/饱和度"面板，选项的设置如图11-117所示，按Enter键确认操作，效果如图11-118所示。

图11-117

图11-118

（7）按Ctrl+O组合键，打开本书学习资源中的"Ch11 > 素材 > 制作瓶中世界 > 04"文件。选择"移动"工具 ✛ ，将04图像拖曳到01图像窗口中的适当位置，效果如图11-119所示，

在"图层"控制面板中生成新的图层并将其命名为"图片"。

（8）在"图层"控制面板上方，将该图层的混合模式选项设为"颜色加深"，如图11-120所示，图像效果如图11-121所示。

图11-119

图11-120

图11-121

（9）单击"图层"控制面板下方的"添加蒙版"按钮 ◻ ，为图层添加蒙版，如图11-122所示。选择"画笔"工具 ✐ ，在图像窗口中拖曳鼠标擦除不需要的图像，效果如图11-123所示。

图11-122

图11-123

（10）按Ctrl+O组合键，打开本书学习资源中的"Ch11 > 素材 > 制作瓶中世界 > 05"文件。选择"移动"工具 ✛ ，将05图像拖曳到01图像窗口中的适当位置，效果如图11-124所示，在"图层"控制面板中生成新的图层并将其命名为"云"。在控制面板上方，将该图层的混合模式选项设为"叠加"，如图11-125所示，图像效果如图11-126所示。

（11）按Ctrl+O组合键，打开本书学习资源中的"Ch11 > 素材 > 制作瓶中世界 > 06"文件。

选择"移动"工具 ，将06图像拖曳到01图像窗口中的适当位置，效果如图11-127所示，在"图层"控制面板中生成新的图层并将其命名为"装饰"。瓶中世界制作完成。

图11-124　　　　　图11-125

图11-126　　　　　图11-127

11.4.2　添加图层蒙版

单击"图层"控制面板下方的"添加蒙版"按钮 □，可以创建图层蒙版，如图11-128所示。按住Alt键的同时，单击"图层"控制面板下方的"添加蒙版"按钮 □，可以创建一个遮盖全部图层的蒙版，如图11-129所示。

图11-128　　　　　图11-129

选择"图层 > 图层蒙版 > 显示全部"命令，可以显示全部图像。选择"图层 > 图层蒙版 > 隐藏全部"命令，可以隐藏全部图像。

11.4.3　隐藏图层蒙版

按住Alt键的同时，单击图层蒙版缩览图，图像窗口中的图像将被隐藏，只显示蒙版缩览图中的效果，如图11-130所示，"图层"控制面板如图11-131所示。按住Alt键的同时，再次单击图层蒙版缩览图，将恢复图像窗口中的图像效果。按住Alt+Shift组合键的同时，单击图层蒙版缩览图，将同时显示图像和图层蒙版的内容。

图11-130　　　　　图11-131

11.4.4　图层蒙版的链接

在"图层"控制面板中，图层缩览图与图层蒙版缩览图之间存在链接图标，当图层图像与蒙版关联时，移动图像时蒙版会同步移动。单击链接图标，将不显示此图标，可以分别对图像与蒙版进行操作。

11.4.5　应用及删除图层蒙版

在"通道"控制面板中，双击蒙版通道，弹出"图层蒙版显示选项"对话框，如图11-132所示，可以对蒙版的颜色和不透明度进行设置。

图11-132

选择"图层 > 图层蒙版 > 停用"命令，或按住Shift键的同时，单击"图层"控制面板中的图层蒙版缩览图，图层蒙版被停用，如图11-133所示，图像将全部显示，如图11-134所示。按住Shift键的同时，再次单击图层蒙版缩览图，将恢复图层蒙版效果，如图11-135所示。

图11-133

图11-134

图11-135

选择"图层 > 图层蒙版 > 删除"命令，或在图层蒙版缩览图上单击鼠标右键，在弹出的下拉菜单中选择"删除图层蒙版"命令，可以将图层蒙版删除。

剪贴蒙版是使用某个图层的内容来遮盖其上方的图层，遮盖效果由基底图层决定。矢量蒙版是用矢量图形创建的蒙版。它们不仅丰富了蒙版的类型，同时也为设计工作带来了便利。

11.5.1 课堂案例——制作产品展示卡

【案例学习目标】学习使用剪贴蒙版制作主体照片。

【案例知识要点】使用描边命令添加人物描边，使用矩形工具和剪贴蒙版制作主体人物，使用横排文字工具和字符面板输入宣传文字，最终效果如图11-136所示。

图11-136

【效果所在位置】Ch11/效果/制作产品展示卡.psd。

（1）按Ctrl+N组合键，新建一个文件，设置宽度为12.5厘米，高度为10厘米，分辨率为100像素/英寸，颜色模式为RGB，背景内容为白色，单击"确定"按钮。将前景色设为海蓝色（其R、G、B的值分别为16、24、55）。按Alt+Delete组合键，用前景色填充背景图层，效果如图11-137所示。

（2）按Ctrl+O组合键，打开本书学习资源中的"Ch11 > 素材 > 制作产品展示卡 > 01"文件。选择"移动"工具 ⊕，将图片拖曳到图像窗口中，并调整其大小和位置，如图11-138所示，在"图层"控制面板中生成新的图层并将其命名为"图片"。按Ctrl+J组合键，复制图层，如图11-139所示。

图11-137

图11-138

图11-139

（3）单击"图片拷贝"图层的眼睛图标 ◉，隐藏该图层。选择"图片"图层，如图11-140所示。选择"滤镜 > 模糊 > 高斯模糊"命令，在弹出的对话框中进行设置，如图11-141所示，单击"确定"按钮，图像效果如图11-142所示。

图11-140

图11-141

图11-142

（4）按Ctrl+O组合键，打开本书学习资源中的"Ch11 > 素材 > 制作产品展示卡 > 02"文件。选择"移动"工具 ⊕，将02图像拖曳到01图像窗口中的适当位置，效果如图11-143所示，在"图层"控制面板中生成新的图层并将其命名为"手机"。

（5）将前景色设为黑色。选择"钢笔"工具 ∅，在属性栏的"选择工具模式"选项中选择"形状"，在图像窗口中沿着手机轮廓拖曳鼠标绘制形状，如图11-144所示。

图11-143

图11-144

（6）选择并显示"图片拷贝"图层，如图11-145所示。选择"移动"工具 ⊕，将图片拖曳到适当的位置，并调整其大小，效果如图11-146所示。

图11-145

图11-146

（7）按Alt+Ctrl+G组合键，创建剪贴蒙版，效果如图11-147所示。新建图层并将其命名为"高光"。将前景色设为白色。选择"钢笔"工具 ∅，在图像窗口中拖曳鼠标绘制形状，如图11-148所示。

图11-147

图11-148

（8）在"图层"控制面板上方，将该图层的"不透明度"选项设为28%，如图11-149所示，按Enter键确认操作，效果如图11-150所示。按Alt+Ctrl+G组合键，创建剪贴蒙版，效果如图11-151所示。

图11-149

图11-150

图11-151

（9）将前景色设为黑色。选择"横排文字"工具 T，在适当的位置分别输入需要的文字并选取文字，在属性栏中分别选择合适的字体并设置大小，效果如图11-152所示，在"图层"控制面板中分别生成新的文字图层。按住Ctrl键的同时，单击需要的图层，将其同时选取，如图11-153所示。

图11-152　　　　　　　　图11-153

（10）选择"窗口 > 字符"命令，在弹出的面板中进行设置，如图11-154所示，按Enter键确认操作，文字效果如图11-155所示。

图11-154　　　　　　　　图11-155

（11）选择"Free"文字图层，在属性栏中将"颜色"选项设为红色（其R、G、B的值分别为235、0、69），填充文字，效果如图11-156所示。选择"移动"工具 ⊕ ，按Ctrl+T组合键，在文字周围出现变换框，拖曳控制手柄旋转文字，按Enter键确认操作，效果如图11-157所示。

图11-156　　　　　　　　图11-157

（12）将前景色设为海蓝色（其R、G、B的

值分别为16、24、55）。选择"多边形"工具 ◯ ，在属性栏的"选择工具模式"选项中选择"形状"，单击 ✿ 按钮，在弹出的面板中进行设置，如图11-158所示。在图像窗口中绘制星形，效果如图11-159所示。

图11-158　　　　　　　　图11-159

（13）选择"移动"工具 ⊕ ，按Alt+Ctrl+T组合键，将星形拖曳到适当的位置，复制星形，效果如图11-160所示。按Alt+Shift+Ctrl+T组合键，再次复制星形，效果如图11-161所示。产品展示卡制作完成，效果如图11-162所示。

图11-160

图11-161　　　　　　　　图11-162

11.5.2　剪贴蒙版

打开一幅图像，如图11-163所示，"图层"控制面板如图11-164所示。按住Alt键的同时，将鼠标光标放置到"图层2"和"图层1"的中间位置，光标变为 ↓□ 图标，如图11-165所示。

图11-163

图11-164　　　　　　　　图11-165

单击鼠标左键，创建剪贴蒙版，如图11-166所示，图像效果如图11-167所示。选择"移动"工具 ，移动蒙版图像，效果如图11-168所示。

图11-166

图11-167　　　　　　　　图11-168

选中剪贴蒙版组中上方的图层，选择"图层 > 释放剪贴蒙版"命令，或按Alt+Ctrl+G组合键，即可删除剪贴蒙版。

11.5.3　矢量蒙版

打开一幅图像，如图11-169所示。选择"多边形"工具 ，在属性栏的"选择工具模式"选项中选择"路径"，单击 按钮，在弹出的面板中进行设置，如图11-170所示。

图11-169　　　　　　　　图11-170

在图像窗口中绘制路径，如图11-171所示。选中"图片"图层。选择"图层 > 矢量蒙版 > 当前路径"命令，为图片添加矢量蒙版，如图11-172所示，图像窗口效果如图11-173所示。选择"直接选择"工具 ，可以修改路径的形状，从而修改蒙版的遮罩区域，如图11-174所示。

图11-171　　　　　　　　图11-172

图11-173　　　　　　　　图11-174

课堂练习——制作怀旧照片

【**练习知识要点**】使用通道控制面板、反相命令和画笔工具抠出人物，使用渐变映射命令调整图片的颜色，使用横排文字工具添加文字，最终效果如图11-175所示。

【**效果所在位置**】Ch11/效果/制作怀旧照片.psd。

图11-175

课后习题——制作茶道生活照片

【**习题知识要点**】使用去色命令去除图片颜色，使用图层蒙版和画笔工具制作局部颜色遮罩，最终效果如图11-176所示。

【**效果所在位置**】Ch11/效果/制作茶道生活照片.psd。

图11-176

第 *12* 章

滤镜效果

本章介绍

本章主要介绍Photoshop强大的滤镜功能，包括滤镜的分类、滤镜的重复使用以及滤镜的使用技巧。通过对本章的学习，读者可以学会应用丰富的滤镜命令制作出特殊多变的图像效果。

学习目标

◆ 了解滤镜菜单及应用方法。
◆ 掌握滤镜的使用技巧。

技能目标

◆ 掌握"汽车特效"的制作方法。
◆ 掌握"褶皱特效"的制作方法。
◆ 掌握"拼贴照片"的制作方法。

Photoshop CC的滤镜菜单下提供了多种滤镜,选择这些滤镜命令,可以制作出奇妙的图像效果。单击"滤镜"菜单,弹出如图12-1所示的下拉菜单。

上次滤镜操作(F)	Alt+Ctrl+F
转换为智能滤镜(S)	
滤镜库(G)...	
自适应广角(A)...	Alt+Shift+Ctrl+A
Camera Raw 滤镜(C)...	Shift+Ctrl+A
镜头校正(R)...	Shift+Ctrl+R
液化(L)...	Shift+Ctrl+X
消失点(V)...	Alt+Ctrl+V
3D	▶
风格化	▶
模糊	▶
模糊画廊	▶
扭曲	▶
锐化	▶
视频	▶
像素化	▶
渲染	▶
杂色	▶
其它	▶
浏览联机滤镜...	

图12-1

Photoshop CC滤镜菜单被分为5部分,并用横线划分。

第1部分为最近一次使用的滤镜,没有使用滤镜时,此命令为灰色,不可选择。使用任意一种滤镜后,当需要重复使用这种滤镜时,只要直接选择这种滤镜或按Alt+Ctrl+F组合键,即可重复使用。

第2部分为转换为智能滤镜,智能滤镜可随时对效果进行修改操作。

第3部分为6种Photoshop CC滤镜,每个滤镜的功能都十分强大。

第4部分为11种Photoshop CC滤镜组,每个滤镜组都包含多个子滤镜。

第5部分为浏览联机滤镜。

12.1.1 课堂案例——制作汽车特效

【案例学习目标】学习使用纹理滤镜和艺术效果滤镜制作汽车特效。

【案例知识要点】使用快速选择工具勾出汽车图像,使用龟裂缝滤镜命令制作图像底图,使用粗糙蜡笔滤镜命令和绘画涂抹滤镜命令制作汽车特效,最终效果如图12-2所示。

【效果所在位置】Ch12/效果/制作汽车特效.psd。

图12-2

（1）按Ctrl+O组合键,打开本书学习资源中的"Ch12 > 素材 > 制作汽车特效 > 01"文件,如图12-3所示。按Ctrl+J组合键,复制图层,如图12-4所示。

图12-3　　　　　　　图12-4

（2）选择"快速选择"工具 ，在图像窗口中拖曳鼠标绘制选区,如图12-5所示。按Shift+Ctrl+I组合键,将选区反选。按Ctrl+J组合键,复制选区中的图像,如图12-6所示。

图12-5　　　　　　　图12-6

（3）选择"图层1"。选择"滤镜 > 滤镜库"命令,在弹出的对话框中进行设置,如图12-7所示,单击"确定"按钮,效果如图12-8所示。

图12-7

图12-8

（4）选择"图层2"。选择"滤镜 > 滤镜库"命令，在弹出的对话框中进行设置，如图12-9所示，单击"确定"按钮，效果如图12-10所示。

图12-9

图12-10

（5）选择"滤镜 > 滤镜库"命令，在弹出的对话框中进行设置，如图12-11所示，单击"确定"按钮，效果如图12-12所示。

（6）将前景色设为白色。选择"横排文字"工具 T.，在图像窗口中输入需要的文字并选取文字，在属性栏中选择合适的字体并设置大小，如图12-13所示，在"图层"控制面板中生成新的文字图层。汽车特效制作完成。

图12-11

图12-12　　　　　　　图12-13

12.1.2　滤镜库的功能

Photoshop CC的滤镜库将常用滤镜组组合在一个面板中，以折叠菜单的方式显示，并为每一个滤镜提供了直观的效果预览，使用十分方便。

选择"滤镜 > 滤镜库"命令，弹出"滤镜库"对话框，如图12-14所示。

图12-14

在对话框中，左侧为滤镜预览框，可以显示滤镜应用后的效果；中部为滤镜列表，每个滤镜组下面包含了多个特色滤镜，单击需要的滤镜组，可以浏览滤镜组中的各个滤镜和相应的滤镜效果；右侧为滤镜参数设置栏，可以设置所用滤镜的各个参数值。

1. 风格化滤镜组

风格化滤镜组只包含一个照亮边缘滤镜，如图12-15所示。此滤镜可以搜索主要颜色的变化区域并强化其过渡像素产生轮廓发光的效果，应用滤镜前后的效果如图12-16和图12-17所示。

图12-15

图12-16

图12-17

2. 画笔描边滤镜组

画笔描边滤镜组包含8个滤镜，如图12-18所示。此滤镜组对CMYK和Lab颜色模式的图像都不起作用。应用不同的滤镜制作出的效果如图12-19所示。

图12-18

原图

成角的线条

墨水轮廓

图12-19

喷溅

喷色描边

强化的边缘

深色线条

烟灰墨

阴影线

图12-19（续）

3. 扭曲滤镜组

扭曲滤镜组包含3个滤镜，如图12-20所示。此滤镜组可以生成一组从波纹到扭曲图像的变形效果。应用不同的滤镜制作出的效果如图12-21所示。

图12-20

原图

玻璃

海洋波纹

扩散亮光

图12-21

4. 素描滤镜组

素描滤镜组包含14个滤镜，如图12-22所示。此滤镜组只对RGB或灰度模式的图像起作用，可以制作出多种绘画效果。应用不同的滤镜制作出的效果如图12-23所示。

图12-22

撕边　　　　　炭笔　　　　　炭精笔

图章　　　　　网状　　　　　影印

图12-23（续）

5. 纹理滤镜组

纹理滤镜组包含6个滤镜，如图12-24所示。此滤镜组可以使图像产生纹理效果。应用不同的滤镜制作出的效果如图12-25所示。

图12-24

原图　　　　　半调图案　　　　便条纸

粉笔和炭笔　　铬黄渐变　　　绘图笔

基底凸现　　　石膏效果　　　水彩画纸

图12-23

原图　　　　　　　　龟裂缝

颗粒　　　　　　　马赛克拼贴

图12-25

拼缀图

染色玻璃

纹理化

图12-25（续）

6. 艺术效果滤镜组

艺术效果滤镜组包含15个滤镜，如图12-26所示。此滤镜组在RGB颜色模式和多通道颜色模式下才可用。应用不同的滤镜制作出的效果如图12-27所示。

图12-26

原图

壁画　　　　　　　彩色铅笔

粗糙蜡笔　　　底纹效果　　　干画笔

图12-27

海报边缘　　　海绵　　　绘画涂抹

胶片颗粒　　　木刻　　　霓虹灯光

水彩　　　　　　塑料包装

调色刀　　　　　涂抹棒

图12-27（续）

12.1.3　滤镜叠加

在"滤镜库"对话框中可以创建多个效果图层，每个图层可以应用不同的滤镜，从而使图像产生多个滤镜叠加后的效果。

为图像添加"强化的边缘"滤镜，如图12-28所示，单击"新建效果图层"按钮，生成新的效果图层，如图12-29所示。为图像添加"海报边缘"滤镜，叠加后的效果如图12-30所示。

图12-28

图12-29

图12-30

12.1.4 自适应广角

自适应广角滤镜是Photoshop CC中的一项新功能，可以利用它对具有广角、超广角及鱼眼效果的图片进行校正。

打开一张图片，如图12-31所示。选择"滤镜 > 自适应广角"命令，弹出对话框，如图12-32所示。

图12-31

图12-32

在对话框左侧图片上需要调整的位置拖曳一条直线，如图12-33所示。再将左侧第2个节点拖曳到适当的位置，旋转绘制的直线，如图12-34所示，单击"确定"按钮，照片调整后的效果如图12-35所示。

用相同的方法调整上方的屋檐，效果如图12-36所示。

图12-33

图12-34

图12-35　　　　　　图12-36

12.1.5　Camera Raw滤镜

Camera Raw滤镜是Photoshop CC专门用于相机照片处理的命令，可以对图像的基本、色调曲线、细节、HSL/灰度、分离色调、镜头校正等进行调整。

打开一张图片，如图12-37所示。选择"滤镜 > Camera Raw滤镜"命令，弹出对话框，如图12-38所示。

图12-37

图12-38

在对话框左侧的上方是编辑照片的工具，中间为照片预览框，下方为窗口缩放级别和视图显示方式。右侧上方为直方图和拍摄信息，下方为9个照片编辑选项卡。

基本选项卡：可以对照片的白平衡、曝光、对比度、高光、阴影、清晰度和饱和度进行调整。

色调曲线选项卡：可以对照片的高光、亮调、暗调和阴影进行微调。

细节选项卡：可以对照片进行锐化、减少杂色处理。

HSL/灰度选项卡：可以对照片的色相、饱和度和明亮度进行调整，也可以将照片调整为灰度图像。

分离色调选项卡：可以对照片创建特效，也可以为单色图像着色。

镜头校正选项卡：可以校正镜头缺陷，补偿相机镜头造成的扭曲度、颜色和晕影。

效果选项卡：可以对照片添加颗粒和晕影制作特效。

相机校准选项卡：可以自动对某类照片进行校正。

预设选项卡：可以存储调整的预设以应用到其他照片中。

在对话框中进行设置，如图12-39所示，单击"确定"按钮，效果如图12-40所示。

图12-39

图12-40

12.1.6　镜头校正

镜头校正滤镜可以修复常见的镜头瑕疵，如桶形失真、枕形失真、晕影和色差等，也可以使用该滤镜来旋转图像，或修复由于相机在垂直或水平方向上倾斜而导致的图像透视、错视现象。

打开一张图片，如图12-41所示。选择"滤镜 > 镜头校正"命令，弹出对话框，如图12-42所示。

图12-41

图12-42

单击"自定"选项卡，设置如图12-43所示，单击"确定"按钮，效果如图12-44所示。

图12-43

图12-44

12.1.7　液化滤镜

液化滤镜命令可以制作出各种类似液化的图像变形效果。

打开一张图片，如图12-45所示。选择"滤镜 > 液化"命令，或按Shift+Ctrl+X组合键，弹出"液化"对话框，如图12-46所示。

图12-45

图12-46

左侧的工具由上到下分别为"向前变形"工具、"重建"工具、"平滑"工具、"顺时针旋转扭曲"工具、"褶皱"工具、"膨胀"工具、"左推"工具、"冻结蒙版"工具、"解冻蒙版"工具、"脸部"工具、"抓手"工具和"缩放"工具。

画笔工具选项组："画笔大小"选项用于设定所选工具的笔触大小；"画笔密度"选项用于设定画笔的浓密度；"画笔压力"选项用于设定画笔的压力，压力越小，变形的过程越慢；"画笔速率"选项用于设定画笔的绘制速度；"光笔压力"选项用于设定压感笔的压力。

人脸识别液化组："眼睛"选项组用于设定眼睛的大小、高度、宽度、斜度和距离。"鼻子"选项组用于设定鼻子的高度和宽度。"嘴唇"选项组用于设定微笑、嘴唇的宽度和高度。"脸部"选项组用于设定脸部的前额、下巴、下颌和脸部宽度。

载入网格选项组：用于载入、使用和存储网格。

蒙版选项组：用于选择通道蒙版的形式。选择"无"按钮，可以不制作蒙版；选择"全部蒙住"按钮，可以为全部的区域制作蒙版；选择"全部反相"按钮，可以解冻蒙版区域并冻结剩余的区域。

视图选项组：勾选"显示图像"复选框，可以显示图像；勾选"显示网格"复选框，可以显示网格，"网格大小"选项用于设置网格的大小，"网格颜色"选项用于设置网格的颜色；勾选"显示蒙版"复选框，可以显示蒙版，"蒙版颜色"选项用于设置蒙版的颜色；勾选"显示背景"复选框，在"使用"选项的下拉列表中可以选择图层，在"模式"选项的下拉列表中可以选择不同的模式，在"不透明度"选项中可以设置不透明度。

画笔重建选项组："重建"按钮用于对变形的图像进行重置；"恢复全部"按钮用于将图像恢复到打开时的状态。

在对话框中对图像进行变形，如图12-47所示，单击"确定"按钮，效果如图12-48所示。

图12-47

图12-48

12.1.8 消失点滤镜

消失点滤镜可以制作建筑物或任何矩形对象的透视效果。

打开一张图片，绘制选区，如图12-49所示。按Ctrl＋C组合键，复制选区中的图像，取消选区。选择"滤镜 > 消失点"命令，弹出对话框，在对话框的左侧选择"创建平面"工具，在图像窗口中单击定义4个角的节点，如图12-50所示，节点之间会自动连接为透视平面，如图12-51所示。

图12-49

图12-50

图12-51

按Ctrl＋V组合键，将刚才复制过的图像粘贴到对话框中，如图12-52所示。将粘贴的图像拖曳到透视平面中，如图12-53所示。按住Alt键的同时，复制并向上拖曳建筑物，如图12-54所示。用相同的方法，再复制2次建筑物，如图12-55所示，单击"确定"按钮，建筑物的透视变形效果如图12-56所示。

图12-52

图12-53

图12-54

图12-55

图12-56

在"消失点"对话框中，透视平面显示为蓝色时为有效的平面；显示为红色时为无效的平面，无法计算平面的长宽比，也无法拉出垂直平面；显示为黄色时为无效的平面，无法解析平面的所有消失点，如图12-57所示。

蓝色透视平面

红色透视平面

黄色透视平面

图12-57

12.1.9　3D滤镜

3D滤镜组可以生成效果更好的凹凸图和法线图。3D滤镜子菜单如图12-58所示。应用不同的滤镜制作出的效果如图12-59所示。

生成凹凸图...
生成法线图...

图12-58

原图

生成凹凸图

生成法线图

图12-59

12.1.10 课堂案例——制作褶皱特效

【案例学习目标】学习使用滤镜命令下的风格化滤镜和模糊滤镜制作褶皱特效。

【案例知识要点】使用分层云彩滤镜命令、浮雕效果滤镜命令和高斯模糊滤镜命令制作背景效果，使用移动工具、图层的混合模式和智能锐化滤镜命令制作照片褶皱，最终效果如图12-60所示。

【效果所在位置】
Ch12/效果/制作褶皱特效.psd。

图12-60

（1）按Ctrl+N组合键，新建一个文件：宽度为15厘米，高度为10厘米，分辨率为100像素/英寸，颜色模式为RGB，背景内容为白色，单击"确定"按钮。选择"滤镜 > 渲染 > 分层云彩"命令，图像的效果如图12-61所示。按3次Alt+Ctrl+F组合键，重复使用滤镜，效果如图12-62所示。

图12-61　　　　图12-62

（2）选择"滤镜 > 风格化 > 浮雕效果"命令，在弹出的对话框中进行设置，如图12-63所示，单击"确定"按钮，效果如图12-64所示。

图12-63

图12-64

（3）选择"滤镜 > 模糊 > 高斯模糊"命令，在弹出的对话框中进行设置，如图12-65所示，单击"确定"按钮，效果如图12-66所示。

图12-65

图12-66

（4）按Ctrl+O组合键，打开本书学习资源中的"Ch12 > 素材 > 制作褶皱特效 > 01"文件。选择"移动"工具，将01图像拖曳到新建的图像窗口中，效果如图12-67所示，在"图层"控制面板中生成新的图层。

图12-67

（5）在"图层"控制面板上方，将该图层的混合模式选项设为"叠加"，如图12-68所示，图像效果如图12-69所示。

图12-68

图12-69

（6）选择"滤镜 > 锐化 > 智能锐化"命令，在弹出的对话框中进行设置，如图12-70所示，单击"确定"按钮，效果如图12-71所示。褶皱特效制作完成。

图12-70

图12-71

风

浮雕效果

扩散

拼贴

曝光过度

凸出

油画

图12-73（续）

12.1.11　风格化滤镜

风格化滤镜组可以产生印象派以及其他风格画派效果，是完全模拟真实艺术手法进行创作的。风格化滤镜子菜单如图12-72所示。应用不同的滤镜制作出的效果如图12-73所示。

查找边缘
等高线
风
浮雕效果
扩散
拼贴
曝光过度
凸出
油画

图12-72

12.1.12　模糊滤镜

模糊滤镜组可以使图像中过于清晰或对比度强烈的区域产生模糊效果，也可以制作柔和阴影。模糊滤镜子菜单如图12-74所示。应用不同滤镜制作出的效果如图12-75所示。

表面模糊
动感模糊
方框模糊
高斯模糊
进一步模糊
径向模糊
镜头模糊
模糊
平均
特殊模糊
形状模糊

图12-74

原图

查找边缘

等高线

图12-73

原图

表面模糊

图12-75

动感模糊　　　　　　　　方框模糊

高斯模糊　　　　进一步模糊　　　　径向模糊

镜头模糊　　　　　模糊　　　　　　平均

特殊模糊　　　　　　　　形状模糊

图12-75（续）

12.1.13　模糊画廊滤镜

模糊画廊滤镜组可以使用图钉或路径来控制图像制作模糊效果。模糊画廊滤镜子菜单如图12-76所示。应用不同滤镜制作出的效果如图12-77所示。

图12-76

原图　　　　　　场景模糊　　　　　光圈模糊

移轴模糊　　　　路径模糊　　　　旋转模糊

图12-77

12.1.14　扭曲滤镜

扭曲滤镜组效果可以生成一组从波纹到扭曲图像的变形效果。扭曲滤镜子菜单如图12-78所示。应用不同滤镜制作出的效果如图12-79所示。

图12-78

原图　　　　　　　　波浪

波纹　　　　　　极坐标　　　　　挤压

图12-79

切变　　　　　　球面化　　　　　　水波

旋转扭曲　　　　　　置换

图12-79（续）

12.1.15　锐化滤镜

锐化滤镜组可以通过生成更大的对比度使图像清晰化，增强图像的轮廓，减少图像修改后产生的模糊效果。锐化滤镜子菜单如图12-80所示。应用不同滤镜制作的图像效果如图12-81所示。

USM 锐化...
防抖...
进一步锐化
锐化
锐化边缘
智能锐化...

图12-80

原图　　　　　　USM锐化　　　　　防抖

进一步锐化　　　　　　锐化

图12-81

锐化边缘　　　　　　智能锐化

图12-81（续）

12.1.16　视频滤镜

视频滤镜组将以隔行扫描方式提取的图像转换为视频设备可接收的图像，以解决图像交换时产生的系统差异。视频滤镜子菜单如图12-82所示。应用不同滤镜制作的图像效果如图12-83所示。

NTSC 颜色
逐行...

图12-82

原图　　　　　　NTSC颜色　　　　　逐行

图12-83

12.1.17　课堂案例——制作拼贴照片

【案例学习目标】学习使用像素化滤镜、风格化滤镜命令和滤镜库制作拼贴特效。

【案例知识要点】使用马赛克滤镜命令、粗糙蜡笔滤镜命令和拼贴滤镜命令制作拼贴照片，最终效果如图12-84所示。

图12-84

【效果所在位置】Ch12/效果/制作拼贴照片.psd。

（1）按Ctrl＋O组合键，打开本书学习资源中的"Ch12＞素材＞制作拼贴照片＞01"文件，如图12-85所示。按Ctrl+J组合键，复制图层，如图12-86所示。

图12-85　　　　　　　图12-86

（2）选择"滤镜 > 像素化 > 马赛克"命令，在弹出的对话框中进行设置，如图12-87所示，单击"确定"按钮，效果如图12-88所示。

图12-87　　　　　　　图12-88

（3）选择"滤镜 > 滤镜库"命令，在弹出的对话框中进行设置，如图12-89所示，单击"确定"按钮，效果如图12-90所示。

图12-89

图12-90

（4）选择"滤镜 > 风格化 > 拼贴"命令，在弹出的对话框中进行设置，如图12-91所示，单击"确定"按钮，效果如图12-92所示。拼贴照片制作完成。

图12-91　　　　　　　图12-92

12.1.18　像素化滤镜

像素化滤镜组可以将图像分块或将图像平面化。像素化滤镜子菜单如图12-93所示。应用不同的滤镜制作出的效果如图12-94所示。

图12-93

原图　　　　　　　　　彩块化

彩色半调　　　　点状化　　　　晶格化

马赛克　　　　　碎片　　　　　铜版雕刻

图12-94

12.1.19 渲染滤镜

渲染滤镜组可以在图片中产生不同的光源效果和夜景效果。渲染滤镜子菜单如图12-95所示。应用不同的滤镜制作出的效果如图12-96所示。

图12-95

原图

火焰

图片框

树

分层云彩

光照效果

镜头光晕

纤维

云彩

图12-96

12.1.20 杂色滤镜

杂色滤镜组可以混合干扰制作出着色像素图案的纹理。杂色滤镜子菜单如图12-97所示。应用不同的滤镜制作出的效果如图12-98所示。

图12-97

原图   减少杂色

蒙尘与划痕   去斑

添加杂色   中间值

图12-98

12.1.21 其他滤镜

其他滤镜组不同于其他分类的滤镜组，在此滤镜效果中，可以创建自己的特殊效果滤镜。其他滤镜子菜单如图12-99所示。应用不同滤镜制作出的效果如图12-100所示。

图12-99

原图

HSB/HSL

高反差保留

位移

自定   最大值

最小值

图12-100

重复使用滤镜、对图像局部使用滤镜可以使图像产生更加丰富、生动的变化。

12.2.1 智能滤镜

常用滤镜在应用后就不能改变滤镜命令中的数值。智能滤镜是针对智能对象使用的、可以调节滤镜效果的一种应用模式。

选中要应用滤镜的图层，如图12-101所示。选择"滤镜 > 转换为智能滤镜"命令，弹出提示对话框，单击"确定"按钮，将普通图层转换为智能对象图层，"图层"控制面板如图12-102所示。

图12-101　　　　　　图12-102

选择"滤镜 > 扭曲 > 波纹"命令，为图像添加模糊效果，此图层的下方显示出滤镜名称，如图12-103所示。

双击"图层"控制面板中要修改参数的滤镜名称，在弹出的相应对话框中重新设置参数即可。单击滤镜名称右侧的"双击以编辑滤镜混合选项"图标 ，弹出"混合选项"对话框，在对话框中可以设置滤镜效果的模式和不透明度，如图12-104所示。

图12-103

图12-104

12.2.2 重复使用滤镜

如果在使用一次滤镜后效果不理想，可以按Alt+Ctrl+F组合键，重复使用滤镜。重复使用染色玻璃滤镜的不同效果如图12-105所示。

图12-105

12.2.3 对图像局部使用滤镜

在要应用的图像上绘制选区，如图12-106所示，对选区中的图像使用"高斯模糊"滤镜，效果如图12-107所示。

图12-106　　　　　　图12-107

如果对选区进行羽化后再使用滤镜，就可以得到与原图融为一体的效果。在"羽化选区"对话框中设置羽化的数值，如图12-108所示，再使用滤镜得到的效果如图12-109所示。

图12-108　　　　　　图12-109

12.2.4　对通道使用滤镜

原始图像效果如图12-110所示，对图像的红、蓝通道分别使用"高斯模糊"滤镜后得到的效果如图12-111所示。

图12-110

图12-111

12.2.5　对滤镜效果进行调整

对图像使用"滤镜 > 模糊 > 高斯模糊"滤镜后，效果如图12-112所示。按Shift+Ctrl+F组合键，弹出如图12-113所示的"渐隐"对话框，调整"不透明度"选项的数值并选择"模式"选项，单击"确定"按钮，使滤镜效果产生变化，效果如图12-114所示。

图12-112

图12-113

图12-114

课堂练习——制作淡彩宣传卡

【练习知识要点】使用去色命令将花图片去色，使用照亮边缘滤镜命令、混合模式、反向命令和色阶命令调整花图片颜色，使用复制图层命令和混合模式制作淡彩效果，最终效果如图12-115所示。

【效果所在位置】Ch12/效果/制作淡彩宣传卡.psd。

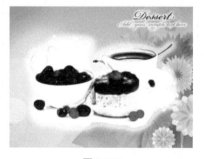
图12-115

课后习题——制作景深特效

【习题知识要点】使用磁性套索工具勾出荷花，使用羽化命令将选区羽化，使用高斯模糊滤镜命令添加背景的模糊效果，使用画笔工具绘制星光，最终效果如图12-116所示。

【效果所在位置】Ch12/效果/制作景深特效.psd。

图12-116

第 *13* 章

商业案例实训

本章介绍

　　本章通过多个商业案例实训，进一步讲解Photoshop CC的各大功能和使用技巧，使读者快速掌握软件功能和知识要点，制作出变化丰富的设计作品。

学习目标

◆ 掌握软件基本功能的使用方法。

◆ 了解软件的常用设计领域。

◆ 掌握软件在不同设计领域的使用。

技能目标

◆ 掌握"个人摄影界面"的制作方法。

◆ 掌握"阳光女孩照片模板"的制作方法。

◆ 掌握"家居网店店招和导航条"的制作方法。

◆ 掌握"空调广告"的制作方法。

◆ 掌握"五谷杂粮包装"的制作方法。

13.1 制作个人摄影界面

13.1.1 项目背景及要求

1. 客户名称

时限设计公司。

2. 客户需求

时限设计公司是一家以APP制作、平面设计、网页设计等为主的设计工作室，深受广大用户的喜爱和信任。公司最近要为摄影师设计一款个人APP界面，界面要求简洁直观，让人一目了然。

3. 设计要求

（1）使用大幅的人物照片作为界面主体，突出主题。

（2）界面设计以摄影照片为主，醒目直观。

（3）简单、直观的界面元素让人一目了然，提高操作速率。

（4）设计规格为226mm（宽）×401mm（高），分辨率为72dpi。

13.1.2 项目创意及要点

1. 设计素材

图片素材所在位置： 本书学习资源中的"Ch13/素材/制作个人摄影界面/01～16"。

2. 设计作品

设计作品效果所在位置： 本书学习资源中的"Ch13/效果/制作个人摄影界面.psd"，如图13-1所示。

图13-1

3. 制作要点

使用矩形工具和图层样式制作界面，使用绘图工具、移动工具、创建剪贴蒙版命令和复制命令制作摄影照片，使用色阶调整层和色相/饱和度调整层调整图片颜色，使用自定形状工具绘制箭头图形，使用横排文字工具和字符面板添加宣传文字，使用圆角矩形工具和复制命令制作按键。

13.1.3 案例制作及步骤

1. 绘制界面1

（1）按Ctrl+N组合键，新建一个文件，宽度为22.6厘米，高度为40.1厘米，分辨率为72像素/英寸，颜色模式为RGB，背景内容为白色。将前景色设为橙色（其R、G、B的值分别为244、208、0）。按Alt+Delete组合键，用前景色填充图层，效果如图13-2所示。

（2）新建图层组并将其命名为"界面1"。选择"圆角矩形"工具 ▢，在属性栏的"选择工具模式"选项中选择"形状"，将"半径"选项设为5像素，在图像窗口中拖曳鼠标绘制圆角矩形，效果如图13-3所示。

图13-2   图13-3

（3）单击"图层"控制面板下方的"添加图层样式"按钮 ƒ✕，在弹出的菜单中选择"投影"命令，在弹出的对话框中进行设置，如图13-4所示，单击"确定"按钮，效果如图13-5所示。

图13-4

图13-5

（4）按Ctrl+O组合键，打开本书学习资源中的"Ch13 > 素材 > 制作个人摄影界面 > 01"文件。选择"移动"工具 ⊕，将01图像拖曳到新建的图像窗口中，效果如图13-6所示，在"图层"控制面板中生成新的图层并将其命名为"人物"。按Alt+Ctrl+G组合键，创建剪贴蒙版，效果如图13-7所示。

图13-6

图13-7

（5）单击"图层"控制面板下方的"创建新的填充或调整图层"按钮 ●，在弹出的菜单中选择"色阶"命令，在"图层"控制面板中生成"色阶1"图层，同时弹出"色阶"面板，单击 ⇌ 按钮，选项的设置如图13-8所示，按Enter键确认操作，效果如图13-9所示。

（6）单击"图层"控制面板下方的"创建新的填充或调整图层"按钮 ●，在弹出的菜单中选择"色相/饱和度"命令，在"图层"控制面板

中生成"色相/饱和度1"图层，同时弹出"色相/饱和度"面板，单击 ⇌ 按钮，选项的设置如图13-10所示，按Enter键确认操作，效果如图13-11所示。

图13-8   图13-9

图13-10   图13-11

（7）选择"钢笔"工具 ∅，在属性栏的"选择工具模式"选项中选择"形状"，在图像窗口中绘制形状，如图13-12所示。按Alt+Ctrl+G组合键，创建剪贴蒙版，效果如图13-13所示。

图13-12   图13-13

（8）选择"椭圆"工具 ○，在属性栏的"选择工具模式"选项中选择"形状"，按住

Shift键的同时，在图像窗口中绘制圆形，如图13-14所示。

（9）按Ctrl+O组合键，打开本书学习资源中的"Ch13 > 素材 > 制作个人摄影界面 > 02"文件。选择"移动"工具 ⊕.，将02图像拖曳到新建的图像窗口中，效果如图13-15所示，在"图层"控制面板中生成新的图层并将其命名为"人物2"。按Alt+Ctrl+G组合键，创建剪贴蒙版，效果如图13-16所示。

（10）将前景色设为黑色。选择"横排文字"工具 T.，在图像窗口中输入需要的文字并选取文字，在属性栏中选择合适的字体并设置文字大小，如图13-17所示，在"图层"控制面板中生成新的文字图层。

图13-14

图13-15

图13-16

图13-17

（11）选择"自定形状"工具 ⌂.，在属性栏中单击"形状"选项，弹出形状面板，选择需要的图形，如图13-18所示。在属性栏的"选择工具模式"选项中选择"形状"，在图像窗口中拖曳鼠标绘制图形，效果如图13-19所示。

图13-18

图13-19

（12）按Ctrl+T组合键，在图形周围出现变换

框，在变换框中单击鼠标右键，在弹出的菜单中选择"水平翻转"命令，水平翻转图形，按Enter键确认操作，效果如图13-20所示。

（13）选择"横排文字"工具 T.，在图像窗口中输入需要的文字并选取文字，在属性栏中选择合适的字体并设置文字大小，如图13-21所示，在"图层"控制面板中生成新的文字图层。

图13-20

图13-21

（14）选择"窗口 > 字符"命令，弹出"字符"控制面板，选项的设置如图13-22所示，按Enter键确认操作，效果如图13-23所示。

图13-22

图13-23

（15）选择"横排文字"工具 T.，在图像窗口中输入需要的文字并选取文字，在属性栏中选择合适的字体并设置文字大小，如图13-24所示，在"图层"控制面板中生成新的文字图层。在"字符"控制面板中进行设置，如图13-25所示，按Enter键确认操作，效果如图13-26所示。

（16）按Ctrl+O组合键，打开本书学习资源中的"Ch13 > 素材 > 制作个人摄影界面 > 03"文件。选择"移动"工具 ⊕.，将03图像拖曳到新建的图像窗口中，效果如图13-27所示，在"图层"控制面板中生成新的图层并将其命名为"小图标"。单击"界面1"图层组左侧的 ⌄ 按钮，隐藏图层。

图13-24 图13-25

图13-26 图13-27

2. 绘制界面2

（1）新建图层组并将其命名为"界面2"。将前景色设为白色。选择"圆角矩形"工具□，在图像窗口中拖曳鼠标绘制圆角矩形，效果如图13-28所示。

图13-28

（2）单击"图层"控制面板下方的"添加图层样式"按钮 fx，在弹出的菜单中选择"投影"命令，在弹出的对话框中进行设置，如图13-29所示，单击"确定"按钮，效果如图13-30所示。选择"矩形"工具□，在属性栏的"选择工具模式"选项中选择"形状"，在图像窗口中拖曳鼠标绘制矩形，效果如图13-31所示。

（3）按Ctrl+O组合键，打开本书学习资源中的"Ch13 > 素材 > 制作个人摄影界面 > 04"文件。选择"移动"工具 ⊕，将04图像拖曳到新建的图像窗口中，效果如图13-32所示，在"图层"

控制面板中生成新的图层并将其命名为"照片1"。按Alt+Ctrl+G组合键，创建剪贴蒙版，效果如图13-33所示。

图13-29

图13-30 图13-31

图13-32 图13-33

（4）按住Ctrl键的同时，单击"矩形3"图层，将需要的图层同时选取。按住Alt键的同时，在图像窗口中拖曳图片到适当的位置，复制图形，效果如图13-34所示。选择"照片1拷贝"图层，按Delete键，删除图层，图像效果如图13-35所示。

图13-34 图13-35

（5）按Ctrl+O组合键，打开本书学习资源中的"Ch13 > 素材 > 制作个人摄影界面 > 05"文件。选择"移动"工具 ⊕.，将05图像拖曳到新建的图像窗口中，效果如图13-36所示，在"图层"控制面板中生成新的图层并将其命名为"照片2"。按Alt+Ctrl+G组合键，创建剪贴蒙版，效果如图13-37所示。用相同的方法制作其他照片，效果如图13-38所示。

（6）新建图层并将其命名为"形状3"。将前景色设为橙色（其R、G、B的值分别为244、208、0）。按住Ctrl键的同时，单击"圆角矩形2"图层的缩览图，在图像周围生成选区，如图13-39所示。

图13-36　　　　　　　图13-37

图13-38　　　　　　　图13-39

（7）选择"多边形套索"工具 ✈.，选中属性栏中的"从选区减去"按钮 ▣，在图像窗口中绘制选区，生成新的选区，如图13-40所示。按Alt+Delete组合键，用前景色填充图层。取消选区后，效果如图13-41所示。

图13-40　　　　　　　图13-41

（8）选择"形状2"图层，按Ctrl+J组合键，复制图形生成"形状2拷贝"图层。在"图层"控制面板中，将拷贝图层拖曳到所有图层的上方。选择"移动"工具 ⊕.，将拷贝图形拖曳到适

当的位置，效果如图13-42所示。

（9）新建图层并将其命名为"按键"。选择"圆角矩形"工具 ▢.，在属性栏中将"半径"选项设为0.2像素，在图像窗口中拖曳鼠标绘制圆角矩形，效果如图13-43所示。

图13-42　　　　　　　图13-43

（10）按Alt+Ctrl+T组合键，将圆角矩形拖曳到适当的位置，复制图形，效果如图13-44所示。选择"路径选择"工具 ▸，按住Shift键的同时，选取两个圆角矩形，如图13-45所示。按Alt+Ctrl+T组合键，将圆角矩形拖曳到适当的位置，复制图形，效果如图13-46所示。

图13-44

图13-45　　　　　　　图13-46

（11）按Ctrl+O组合键，打开本书学习资源中的"Ch13 > 素材 > 制作个人摄影界面 > 16"文件。选择"移动"工具 ⊕.，将16图像拖曳到新建的图像窗口中，效果如图13-47所示，在"图层"控制面板中生成新的图层并将其命名为"小图标"。个人摄影界面制作完成，效果如图13-48所示。

图13-47　　　　　　　图13-48

课堂练习1——制作看图图标

练习1.1　项目背景及要求

1. 客户名称

微迪设计公司。

2. 客户需求

微迪设计公司是一家集UI设计、LOGO设计、VI设计和界面设计为一体的设计公司，得到众多客户的一致好评。公司现阶段需要为新开发的看图APP设计一款图标，要求使用立体化的形式表达出APP的特征，要有极高的辨识度。

3. 设计要求

（1）使用珍珠色的背景突出粉红色的图标，醒目直观。

（2）使用立体化、拟人化的设计，提高图标辨识度。

（3）图标简洁明了，搭配合理。

（4）简洁亮丽的色彩搭配，增加了画面的活泼感。

（5）设计规格为125mm（宽）×100mm（高），分辨率为100dpi。

练习1.2　项目创意及制作

1. 设计作品

设计作品效果所在位置：本书学习资源中的"Ch13/效果/制作看图图标.psd"，如图13-49所示。

2. 制作要点

使用填充命令制作背景效果，使用圆角矩形工具和图层样式制作图标底图，使用椭圆工具和图层样式制作眼睛主体，使用横排文字工具、栅格化文字图层命令、载入选区命令、选框工具和填充命令制作文字。

图13-49

课堂练习2——制作应用商店图标

练习2.1　项目背景及要求

1. 客户名称

岢基设计公司。

2. 客户需求

岢基设计公司是一家专门从事UI设计、LOGO设计和界面设计的设计公司。公司现阶段需要为新开发的应用商店APP设计一款图标，要求使用扁平化的设计表达出APP的特征和经营内容，要有极高的辨识度。

3. 设计要求

（1）使用珍珠色的背景突出中心的图标，直观自然。

（2）使用扁平化的设计，简洁明了，让人印象深刻。

（3）使用拟物化的设计让图标真实直观，辨识度高。

（4）使用丰富合理的颜色搭配，增加画面的活泼感和清晰度。

（5）设计规格为100mm（宽）×100mm（高），分辨率为100dpi。

练习2.2　项目创意及制作

1. 设计作品

设计作品效果所在位置：本书学习资源中的"Ch13/效果/制作应用商店图标.psd"，如图13-50所示。

2. 制作要点

使用填充命令和圆角矩形工具制作背景底图，使用圆角矩形工具和椭圆工具绘制墙体、门、台阶和把手，使用矩形工具、复制命令和变换命令制作雨棚，使用椭圆工具和复制命令制作下沿，使用合并图层命令和图层样式制作图标主体描边。

图13-50

课后习题1——制作手机音乐界面1

习题1.1 项目背景及要求

1. 客户名称

申科迪设计公司。

2. 客户需求

申科迪设计公司是一家专门从事手机设计及研发的科技公司。现阶段有一款新品手机即将发布，公司需要设计一款手机的音乐界面，要求界面设计整齐清晰，给人沉稳和干练感。

3. 设计要求

（1）使用炫彩的背景搭配营造出时尚和沉稳的氛围。

（2）通过整齐直观的界面设计，形成干练整洁的画面。

（3）使用简洁的文字和图片搭配，增强界面的精致感。

（4）整体设计要简洁直观，让人印象深刻。

（5）设计规格为150mm（宽）×192mm（高），分辨率为100 dpi。

习题1.2 项目创意及制作

1. 设计素材

图片素材所在位置： 本书学习资源中的"Ch13/素材/制作手机音乐界面1/01～08"。

2. 设计作品

设计作品效果所在位置： 本书学习资源中的"Ch13/效果/制作手机音乐界面1.psd"，如图13-51所示。

3. 制作要点

使用矩形选框工具、渐变工具、椭圆工具和钢笔工具制作界面背景，使用圆角矩形工具、图层样式、移动工具和创建剪贴蒙版命令制作歌唱界面，使用横排文字工具和字符面板制作歌名，使用移动工具添加顶部信息。

图13-51

课后习题2——制作手机音乐界面2

习题2.1 项目背景及要求

1. 客户名称

申科迪设计公司。

2. 客户需求

申科迪设计公司是一家专门从事手机设计及研发的科技公司。现阶段有一款新品手机即将发布，公司需要设计一款手机的音乐界面，要求界面设计与整体设计相呼应，体现出品质感。

3. 设计要求

（1）用颜色区分界面，功能性强，能节省观看时间。

（2）要突出按钮的设计，增强适用性。

（3）颜色和版式设计要与整体设计相呼应，具有整体感。

（4）整体设计要简洁直观，让人一目了然，清晰明了。

（5）设计规格为150mm（宽）×192mm（高），分辨率为100 dpi。

习题2.2 项目创意及制作

1. 设计素材

图片素材所在位置：本书学习资源中的"Ch13/素材/制作手机音乐界面2/01～05"。

2. 设计作品

设计作品效果所在位置：本书学习资源中的"Ch13/效果/制作手机音乐界面2.psd"，如图13-52所示。

3. 制作要点

使用渐变工具和椭圆工具制作背景底图，使用移动工具添加顶部信息和小图标，使用自定形状工具和图层样式绘制按钮，使用圆角矩形工具、移动工具和创建剪贴蒙版命令制作照片，使用直线工具和椭圆工具绘制进度条，使用横排文字工具和字符面板添加文字。

图13-52

13.2 制作阳光女孩照片模板

13.2.1 项目背景及要求

1. 客户名称

美奇摄影社。

2. 客户需求

美奇摄影社是一家专门从事拍摄和对照片进行艺术加工处理的摄影社。本例要为阳光女孩制作照片模板，要求能够烘托出开朗、健康、阳光的氛围，体现出青年人阳光、智慧、理性的一面，凸显出人物的个性。

3. 设计要求

（1）背景要完美地融合，同时起到衬托的作用，能突出前方的宣传主体。

（2）添加自行车，为画面增添活泼感和生活气息。

（3）景色与人物应完美融合，给人亲近感。

（4）使用胶片展示生活照，能体现出宣传的主题。

（5）设计规格为141mm（宽）×100mm（高），分辨率为100 dpi。

13.2.2 项目创意及要点

1. 设计素材

图片素材所在位置：本书学习资源中的"Ch13/素材/制作阳光女孩照片模板/01～10"。

2. 设计作品

设计作品效果所在位置：本书学习资源中的"Ch13/效果/制作阳光女孩照片模板.psd"，如图13-53所示。

图13-53

3. 制作要点

使用移动工具和图层的混合模式制作背景效果，使用矩形工具、创建剪贴蒙版命令和复制命令制作胶片，使用移动工具和图层样式添加人物，使用横排文字工具和字符面板添加文字。

13.2.3 案例制作及步骤

1. 制作背景效果

（1）按Ctrl+O组合键，打开本书学习资源中的"Ch13 > 素材 > 制作阳光女孩照片模板 > 01、02"文件，01文件如图13-54所示。选择"移动"工具 ⊕，将02图像拖曳到01图像窗口中的适当位置，效果如图13-55所示，在"图层"控制面板中生成新的图层并将其命名为"边"。

图13-54　　　　　图13-55

（2）在"图层"控制面板上方，将该图层的混合模式选项设为"柔光"，如图13-56所示，图像效果如图13-57所示。

图13-56　　　　　图13-57

（3）按Ctrl+O组合键，打开本书学习资源中的"Ch13 > 素材 > 制作阳光女孩照片模板 > 03"文件。选择"移动"工具 ⊕，将03图像拖曳到01

图像窗口中的适当位置，效果如图13-58所示，在"图层"控制面板中生成新的图层并将其命名为"树"。在控制面板上方，将该图层的混合模式选项设为"差值"，如图13-59所示，图像效果如图13-60所示。

图13-58　　　　　　图13-59

图13-60

（4）按Ctrl+O组合键，打开本书学习资源中的"Ch13 > 素材 > 制作阳光女孩照片模板 > 04"文件。选择"移动"工具　，将04图像拖曳到01图像窗口中的适当位置，效果如图13-61所示，在"图层"控制面板中生成新的图层并将其命名为"自行车"。

图13-61

2. 制作胶片

（1）新建图层组并将其命名为"照片组"。按Ctrl+O组合键，打开本书学习资源中的"Ch13 > 素材 > 制作阳光女孩照片模板 > 05"文件。选择"移动"工具　，将05图像拖曳到01图像窗口中的适当位置，效果如图13-62所示，在"图层"控制面板中生成新的图层并将其命名为"胶片"。

图13-62

（2）将前景色设为白色。选择"矩形"工具　，在属性栏的"选择工具模式"选项中选择"形状"，在图像窗口中拖曳鼠标绘制矩形，效果如图13-63所示。

图13-63

（3）按Ctrl+O组合键，打开本书学习资源中的"Ch13 > 素材 > 制作阳光女孩照片模板 > 06"文件。选择"移动"工具　，将06图像拖曳到01图像窗口中，并调整其位置和角度，效果如图13-64所示，在"图层"控制面板中生成新的图层并将其命名为"人物1"。按Alt+Ctrl+G组合键，创建剪贴蒙版，效果如图13-65所示。

图13-64　　　　　　图13-65

（4）按住Ctrl键的同时，单击"矩形"图层，将其选取。按住Alt键的同时，在图像窗口中将人物照片拖曳到适当的位置，复制照片，效果如图13-66所示。选择"人物1拷贝"图层，按Delete键，删除图层，图像效果如图13-67所示。

图13-66　　　　　　　图13-67

（5）按Ctrl+O组合键，打开本书学习资源中的"Ch13 > 素材 > 制作阳光女孩照片模板 > 07"文件。选择"移动"工具 ⊕，将07图像拖曳到01图像窗口中，并调整其位置和角度，在"图层"控制面板中生成新的图层并将其命名为"人物2"。按Alt+Ctrl+G组合键，创建剪贴蒙版，效果如图13-68所示。

图13-68

（6）用相同的方法制作其他人物照片，效果如图13-69所示。单击"照片组"图层组左侧的 ∨ 按钮，隐藏图层。按Ctrl+T组合键，在胶片周围出现变换框，拖曳控制手柄将胶片旋转到适当的角度，效果如图13-70所示。

图13-69　　　　　　　图13-70

3. 添加人物和文字

（1）按Ctrl+O组合键，打开本书学习资源中的"Ch13 > 素材 > 制作阳光女孩照片模板 > 10"文件。选择"移动"工具 ⊕，将10图像拖曳到01图像窗口中的适当位置，效果如图13-71所示，在"图层"控制面板中生成新的图层并将其命名为"人物5"。

图13-71

（2）单击"图层"控制面板下方的"添加图层样式"按钮 ƒx，在弹出的菜单中选择"外发光"命令，弹出对话框，将发光颜色设为白色，其他选项的设置如图13-72所示，单击"确定"按钮，效果如图13-73所示。

图13-72

图13-73

（3）将前景色设为白色。选择"横排文字"工具 T，在图像窗口中输入需要的文字并选取文字，在属性栏中选择合适的字体并设置文字大小，如图13-74所示，在"图层"控制面板中生成新的文字图层。

（4）选择"窗口 > 字符"命令，弹出"字符"控制面板，选项的设置如图13-75所示，按Enter键确认操作，效果如图13-76所示。

图13-74

图13-75

图13-76

（5）选择"横排文字"工具 T.，在图像窗口中拖曳鼠标绘制文本框，输入需要的文字并选取文字，在属性栏中选择合适的字体并设置文字大小，单击"居中对齐文本"按钮 ，居中对齐文本，如图13-77所示，在"图层"控制面板中生成新的文字图层。在"字符"控制面板中进行设置，如图13-78所示，按Enter键确认操作，效果如图13-79所示。

图13-78

图13-77

图13-79

（6）按住Ctrl键的同时，单击文字图层，将两个图层同时选取。按Ctrl+T组合键，在文字周围出现变换框，拖曳控制手柄将文字旋转到适当的角度，效果如图13-80所示，按Enter键确认操作。阳光女孩照片模板制作完成，效果如图13-81所示。

图13-80

图13-81

课堂练习1——制作个人写真照片模板

练习1.1　项目背景及要求

1. 客户名称

玖七视觉摄影工作室。

2. 客户需求

玖七视觉摄影工作室是一家从事人物摄像的专业工作室。工作室目前要制作一个个人写真照片模板，模板的主题是自然唯美，要求给人舒适、轻松的感觉。

3. 设计要求

（1）使用自然模糊的背景，烘托出人物主体。

（2）画面要以人物照片为主，主次明确，设计独特。

（3）画面使用柔和舒适的色彩，给人舒适、放松感。

（4）设计风格应自然轻快，表现出艺术气息。

（5）设计规格为172mm（宽）×240mm（高），分辨率为72 dpi。

练习1.2　项目创意及制作

1. 设计素材

图片素材所在位置：本书学习资源中的"Ch13/素材/制作个人写真照片模板/01~03"。

2. 设计作品

设计作品效果所在位置：本书学习资源中的"Ch13/效果/制作个人写真照片模板.psd"，如图13-82所示。

3. 制作要点

使用图层的混合模式和马赛克滤镜命令制作个性人物照片，使用移动工具添加文字，使用自定形状工具、混合模式和不透明度选项添加装饰圆形。

图13-82

课堂练习2——制作多彩生活照片模板

练习2.1　项目背景及要求

1.　客户名称

卡嘻摄影工作室。

2.　客户需求

卡嘻摄影工作室是摄影行业比较有实力的摄影工作室，工作室运用艺术家的眼光捕捉独特瞬间，使照片的艺术性和个性化得到充分的体现。现需要制作一个多彩生活照片模板，要求突出表现人物个性，表现出独特的风格魅力。

3.　设计要求

（1）照片模板要具有极强的表现力。

（2）使用颜色和特效烘托出人物特有的个性。

（3）设计要富有创意，体现出多彩的日常生活。

（4）将文字进行具有特色的设计，图文搭配合理、个性。

（5）设计规格为100mm（宽）×150mm（高），分辨率为100dpi。

练习2.2　项目创意及制作

1.　设计素材

图片素材所在位置：本书学习资源中的"Ch13/素材/制作多彩生活照片模板/01"。

2.　设计作品

设计作品效果所在位置：本书学习资源中的"Ch13/效果/制作多彩生活照片模板.psd"，如图13-83所示。

3.　制作要点

使用滤镜库命令、USM锐化滤镜命令和图层混合模式制作多彩生活照片，使用横排文字工具和字符面板添加个性文字。

图13-83

课后习题1——制作综合个人秀模板

习题1.1 项目背景及要求

1. 客户名称

框架时尚摄影工作室。

2. 客户需求

框架时尚摄影工作室是一家专业的摄影工作室，其经营范围广泛，服务优质。工作室目前需要制作一个综合个人秀模板，要求以个性动感为主，能够展现出主人公的舞蹈天赋，并且具有时尚和活力感。

3. 设计要求

（1）模板设计要能体现少女的舞蹈者身份。

（2）图像与文字应合理搭配，营造一个充满艺术和活力的氛围。

（3）在模板中颜色的运用和文字的设计要迎合女生的喜好。

（4）整体风格新潮时尚，表现出年轻人的个性和创意。

（5）设计规格为133mm（宽）×100mm（高），分辨率为100 dpi。

习题1.2 项目创意及制作

1. 设计素材

图片素材所在位置：本书学习资源中的"Ch13/素材/制作综合个人秀模板/01～08"。

2. 设计作品

设计作品效果所在位置：本书学习资源中的"Ch13/效果/制作综合个人秀模板.psd"，如图13-84所示。

3. 制作要点

使用移动工具、图层的混合模式和不透明度制作背景，使用圆角矩形工具、移动工具和创建剪贴蒙版命令添加人物照片，使用横排文字工具、字符面板和图层样式添加文字。

图13-84

习题2.1　项目背景及要求

1. 客户名称

时光摄像摄影。

2. 客户需求

时光摄像摄影是一家经营婚纱摄影、个性写真、儿童写真等项目的专业摄影工作室。目前工作室需要制作一个时尚照片模板，要求模板设计自然舒适、充满生活的气息，同时给人时尚和潮流感。

3. 设计要求

（1）使用模糊的背景起到衬托作用，能够烘托出宣传主题。

（2）使用亮丽的衣服点亮画面，能瞬间抓住人们的视线。

（3）人物与风景要完美融合，给人舒适和自然感。

（4）精心设计文字，能增添画面的时尚感。

（5）设计规格为165mm（宽）×100mm（高），分辨率为100 dpi。

习题2.2　项目创意及制作

1. 设计素材

图片素材所在位置： 本书学习资源中的"Ch13/素材/制作时尚照片模板/01、02"。

文字素材所在位置： 本书学习资源中的"Ch13/素材/制作时尚照片模板/文字文档"。

2. 设计作品

设计作品效果所在位置： 本书学习资源中的"Ch13/效果/制作时尚照片模板.psd"，如图13-85所示。

图13-85

3. 制作要点

使用椭圆工具、图层样式、移动工具和创建剪贴蒙版命令制作人物照片，使用横排文字工具和字符面板制作模板文字。

13.3 制作家居网店店招和导航条

13.3.1 项目背景及要求

1. 客户名称

LALDIA家居网。

2. 客户需求

LALDIA家居网是一家风格独特、时尚精美的家居门户网站，提供专业的装修及家居资讯，为追求生活品质的家居消费者和爱好者提供精选品牌和优质产品，是全方位的企业和产品信息导购平台。网站近期要制作一个全新的网店店招和导航条，要求不仅宣传公司文化，提高公司知名度，还要体现出公司的文化特色。

3. 设计要求

（1）设计要采用深色背景图衬托前方的宣传主体，醒目突出。

（2）导航条的设计要分类明确，清晰明了。

（3）画面颜色的对比要强烈，营造出时尚前卫的氛围。

（4）设计风格要简洁大方，给人整洁干练的印象。

（5）设计规格为950像素（宽）×150像素（高），分辨率为72 dpi。

13.3.2 项目创意及要点

1. 设计素材

图片素材所在位置：本书学习资源中的"Ch13/素材/制作家居网店店招和导航条/01~04"。

2. 设计作品

设计作品效果所在位置：本书学习资源中的"Ch13/效果/制作家居网店店招和导航条.psd"，如图13-86所示。

图13-86

3. 制作要点

使用横排文字工具、字符面板、自定形状工具和矩形工具添加店招信息，使用移动工具、图层样式和创建剪贴蒙版命令制作家居图片，使用矩形工具和横排文字工具制作导航条。

13.3.3 案例制作及步骤

1. 添加店招信息

（1）按Ctrl+O组合键，打开本书学习资源中的"Ch13 > 素材 > 制作家居网店店招和导航条 > 01"文件，如图13-87所示。将前景色设为白色。选择"横排文字"工具 **T.**，在图像窗口中输入需要的文字并选取文字，在属性栏中选择合适的字体并设置文字大小，如图13-88所示，在"图层"控制面板中生成新的文字图层。

图13-87

图13-88

（2）选择"窗口 > 字符"命令，弹出"字符"控制面板，选项的设置如图13-89所示，按Enter键确认操作，效果如图13-90所示。

（3）将前景色设为橙色（其R、G、B的值分别为251、106、0）。选择"矩形"工具 **□.**，在属性栏的"选择工具模式"选项中选择"形状"，在图像窗口中拖曳鼠标绘制矩形，效果如图13-91所示。将前景色设为红色（其R、G、B的值分别为207、0、0）。选择"矩形"工具▢，在适当的位置再绘制矩形，效果如图13-92所示。

图13-89

图13-90

图13-91　　　　　　　　图13-92

（4）单击"图层"控制面板下方的"添加图层样式"按钮 ƒx，在弹出的菜单中选择"描边"命令，弹出对话框，将描边颜色设为白色，其他选项的设置如图13-93所示，单击"确定"按钮，效果如图13-94所示。

图13-93

图13-94

（5）将前景色设为白色。选择"横排文字"工具 T，在图像窗口中输入需要的文字并选取文字，在属性栏中选择合适的字体并设置文字大小，如图13-95所示，在"图层"控制面板中生成新的文字图层。在"字符"控制面板中进行设置，如图13-96所示，按Enter键确认操作，效果如图13-97所示。

图13-95

图13-96

图13-97

（6）按住Ctrl键的同时，单击"矩形2"图层，将其选取。按住Alt键的同时，在图像窗口中拖曳图形到适当的位置，复制图形，效果如图13-98所示。双击"矩形2拷贝"图层的缩览图，弹出"拾色器（纯色）"对话框，选项的设置如图13-99所示，单击"确定"按钮，效果如图13-100所示。选择"横排文字"工具 T. ，在图像窗口中修改文字，图像效果如图13-101所示。

图13-98

图13-99

图13-100

图13-101

（7）将前景色设为蓝绿色（其R、G、B的值分别为1、122、139）。选择"矩形"工具 □. ，在图像窗口中拖曳鼠标绘制矩形，如图13-102所示。在"矩形2"图层上单击鼠标右键，在弹出的菜单中选择"拷贝图层样式"命令，复制图层样式，在"矩形3"图层上单击鼠标右键，在弹出的菜单中选择"粘贴图层样式"命令，粘贴图层样式，效果如图13-103所示。

图13-102

图13-103

（8）将前景色设为白色。选择"横排文字"工具 T. ，在图像窗口中输入需要的文字并选取文字，在属性栏中选择合适的字体并设置文字大小，如图13-104所示，在"图层"控制面板中生成新的文字图层。在"字符"控制面板中，单击"仿粗体"按钮 T ，其他选项的设置如图13-105所示，按Enter键确认操作，效果如图13-106所示。用相同的方法制作下方的文字，效果如图13-107所示。

图13-104

图13-105

图13-106

图13-107

（9）将前景色设为白色。选择"矩形"工具 □，在图像窗口中拖曳鼠标绘制矩形，效果如图13-108所示。将前景色设为蓝绿色（其R、G、B的值分别为1、122、139）。选择"自定形状"工具 ☆，在属性栏中单击"形状"选项，弹出形状面板，选择需要的图形，如图13-109所示。在属性栏的"选择工具模式"选项中选择"形状"，在图像窗口中拖曳鼠标绘制图形，效果如图13-110所示。

图13-108

图13-109

图13-110

（10）选择"横排文字"工具 T，在图像窗口中输入需要的文字并选取文字，在属性栏中选择合适的字体并设置文字大小，如图13-111所示，在"图层"控制面板中生成新的文字图层。在"字符"控制面板中进行设置，如图13-112所示，按Enter键确认操作，效果如图13-113所示。用相同的方法制作右侧的图形，效果如图13-114所示。

图13-111

图13-112

图13-113

图13-114

2. 制作店招图片和导航条

（1）将前景色设为黑色。选择"椭圆"工具 ○，在属性栏的"选择工具模式"选项中选择"形状"，按住Shift键的同时，在图像窗口中绘制圆形，如图13-115所示。

图13-115

（2）单击"图层"控制面板下方的"添加图层样式"按钮 fx，在弹出的菜单中选择"描边"命令，弹出对话框，将描边颜色设为白色，其他选项的设置如图13-116所示，单击"确定"按钮，效果如图13-117所示。

图13-116

图13-117

（3）按Ctrl+O组合键，打开本书学习资源中的"Ch13 > 素材 > 制作家居网店店招和导航条 > 02"文件。选择"移动"工具 ⊕.，将02图像拖曳到01图像窗口中，并调整其位置和大小，效果如图13-118所示，在"图层"控制面板中生成新的图层并将其命名为"家居"。

图13-118

（4）按Alt+Ctrl+G组合键，创建剪贴蒙版，效果如图13-119所示。用相同的方法制作其他家居照片，效果如图13-120所示。

图13-119

图13-120

（5）将前景色设为橙色（其R、G、B的值分别为251、106、0）。选择"矩形"工具 ▢.，在图像窗口中拖曳鼠标绘制矩形，效果如图13-121所示。

图13-121

（6）将前景色设为黑色。选择"横排文字"工具 T.，在图像窗口中输入需要的文字并选取文字，在属性栏中选择合适的字体并设置文字大小，如图13-122所示，在"图层"控制面板中生成新的文字图层。

图13-122

（7）选择"横排文字"工具 T.，分别选取需要的文字，填充为白色，效果如图13-123所示。在"字符"控制面板中进行设置，如图13-124所示，按Enter键确认操作，效果如图13-125所示。家居网店招贴和导航条制作完成。

图13-123

图13-124

图13-125

课堂练习1——制作家居网店首页海报

练习1.1 项目背景及要求

1. 客户名称

LALDIA家居网。

2. 客户需求

LALDIA家居网是一家风格独特、时尚精美的家居门户网站，提供专业的装修及家居资讯，为追求生活品质的家居消费者和爱好者提供精选品牌和优质产品，是全方位的企业和产品信息导购平台。网站近期要制作一个全新的网店首页海报，要求起到宣传公司新产品的作用，向客户传递出时尚和雅致感。

3. 设计要求

（1）将新产品与环境巧妙结合，突出产品的优点。

（2）画面中的装饰品起到衬托的效果，丰富画面。

（3）色彩运用要自然和谐，给人亲近感。

（4）设计具有简洁、时尚和雅致的艺术风格。

（5）设计规格为1920像素（宽）×540像素（高），分辨率为72 dpi。

练习1.2 项目创意及制作

1. 设计素材

图片素材所在位置：本书学习资源中的"Ch13/素材/制作家居网店首页海报/01～04"。

2. 设计作品

设计作品效果所在位置：本书学习资源中的"Ch13/效果/制作家居网店首页海报.psd"，如图13-126所示。

3. 制作要点

使用新建参考线命令新建参考线，使用移动工具和图层样式添加家具，使用多边形套索工具和羽化命令制作相框投影，使用矩形工具、圆角矩形工具、横排文字工具和字符面板添加宣传文字。

图13-126

课堂练习2——制作家居商品引导区

练习2.1　项目背景及要求

1. 客户名称

LALDIA家居网。

2. 客户需求

LALDIA家居网是一家风格独特、时尚精美的家居门户网站，提供专业的装修及家居资讯，为追求生活品质的家居消费者和爱好者提供精选品牌和优质产品，是全方位的企业和产品信息导购平台。网站近期要制作一个全新的网店商品引导区，要求直观地展示出新的家居设计。

3. 设计要求

（1）以家居设计为主导，展示出时尚、个性和现代感。

（2）整齐规整的设计，让人一目了然，提高操作速率。

（3）整体画面图文结合，合理搭配。

（4）设计风格简洁大气，体现出品牌的魅力。

（5）设计规格为950像素（宽）×806像素（高），分辨率为72 dpi。

练习2.2　项目创意及制作

1. 设计素材

图片素材所在位置： 本书学习资源中的"Ch13/素材/制作家居商品引导区/01～06"。

2. 设计作品

设计作品效果所在位置： 本书学习资源中的"Ch13/效果/制作家居商品引导区.psd"，如图13-127所示。

图13-127

3. 制作要点

使用矩形工具、移动工具、创建剪贴蒙版命令和色相/饱和度调整层分割画面，使用矩形工具、图层样式、椭圆工具、横排文字工具和创建剪贴蒙版命令制作引导区，使用矩形工具、图层样式、横排文字工具和字符面板制作宣传框。

课后习题1——制作家居客服区

习题1.1 项目背景及要求

1. 客户名称

LALDIA家居网。

2. 客户需求

LALDIA家居网是一家风格独特、时尚精美的家居门户网站，提供专业的装修及家居资讯，为追求生活品质的家居消费者和爱好者提供精选品牌和优质产品，是全方位的企业和产品信息导购平台。网站近期要制作一个全新的网店客服区，要求画面简洁直观，能体现出公司的特色。

3. 设计要求

（1）使用图标和简称直观地展示出主要功能。

（2）运用深浅颜色的强烈对比，显示出公司的服务品质。

（3）简洁直观的文字和整体设计相呼应，让人一目了然。

（4）设计风格符合公司品牌特色，能够凸显产品品质。

（5）设计规格为301像素（宽）×496像素（高），分辨率为150 dpi。

习题1.2 项目创意及制作

1. 设计素材

图片素材所在位置： 本书学习资源中的"Ch13/素材/制作家居客服区/01"。

2. 设计作品

设计作品效果所在位置： 本书学习资源中的"Ch13/效果/制作家居客服区.psd"，如图13-128所示。

3. 制作要点

使用矩形工具和图层样式分割画面，使用横排文字工具和字符面板添加文字信息，使用移动工具和复制命令添加图标，使用自定形状工具绘制钟表图标。

图13-128

习题2.1　项目背景及要求

1. 客户名称

LALDIA家居网。

2. 客户需求

LALDIA家居网是一家风格独特、时尚精美的家居门户网站，提供专业的装修及家居资讯，为追求生活品质的家居消费者和爱好者提供精选品牌和优质产品，是全方位的企业和产品信息导购平台。网站近期要制作一个全新的网店页尾，要求全面展现公司的优质服务和真诚态度，详细说明公司信息。

3. 设计要求

（1）页尾的设计简洁，文字叙述清楚明了。

（2）说明文字排列整齐，给人视觉上的舒适感。

（3）简洁的图标设计增加了画面的丰富感。

（4）强调服务理念，用优质的服务打动客户的心。

（5）设计规格为950像素（宽）×375像素（高），分辨率为72 dpi。

习题2.2　项目创意及制作

1. 设计素材

图片素材所在位置：本书学习资源中的"Ch13/素材/制作家居网店页尾/01、02"。

2. 设计作品

设计作品效果所在位置：本书学习资源中的"Ch13/效果/制作家居网店页尾.psd"，如图13-129所示。

3. 制作要点

使用矩形工具、创建剪贴蒙版命令和横排文字工具制作宣传栏，使用矩形工具、移动工具、横排文字工具、字符面板、直线工具和复制命令制作服务信息，使用矩形工具、自定形状工具和横排文字工具制作公司信息，使用圆角矩形工具、椭圆工具、创建剪贴蒙版命令和横排文字工具制作公司信息。

图13-129

13.4 制作空调广告

13.4.1 项目背景及要求

1. 客户名称

海布尔企业。

2. 客户需求

海布尔企业是一家专门制作和销售空调的企业。本例是为一款新空调制作的宣传广告，要求体现出空调的主要功能和特色。在广告设计上，要能表现出清新舒适、健康生活的理念。

3. 设计要求

（1）使用浅蓝色的冰雪背景营造出舒适、静谧的氛围。

（2）蓝色和白色搭配，给人洁净、清爽之感。

（3）飘落的叶子使画面在动、静之间有力融合。

（4）文字的设计与整个设计相呼应，让人印象深刻。

（5）设计规格为140mm（宽）×100mm（高），分辨率为100 dpi。

13.4.2 项目创意及要点

1. 设计素材

图片素材所在位置：本书学习资源中的"Ch13/素材/制作空调广告/01～04"。

2. 设计作品

设计作品效果所在位置：本书学习资源中的"Ch13/效果/制作空调广告.psd"，如图13-130所示。

图13-130

3. 制作要点

使用色相/饱和度调整层调整背景颜色，使用移动工具添加产品和装饰图形，使用变换命令、图层蒙版和渐变工具制作投影，使用横排文字工具、文字变形命令、载入选区命令、扩展命令和图层样式制作标志文字，使用横排文字工具、字符面板、直线工具和图层样式添加宣传语。

13.4.3 案例制作及步骤

（1）按Ctrl+O组合键，打开本书学习资源中的"Ch13 > 素材 > 制作空调广告 > 01"文件，如图13-131所示。单击"图层"控制面板下方的"创建新的填充或调整图层"按钮，在弹出的菜单中选择"色相/饱和度"命令，在"图层"控制面板中生成"色相/饱和度1"图层，同时弹出"色相/饱和度"面板，选项的设置如图13-132所示，按Enter键确认操作，效果如图13-133所示。

图13-131

图13-132

图13-133

（2）按Ctrl+O组合键，打开本书学习资源中的"Ch13＞素材＞制作空调广告＞02、03"文件。选择"移动"工具 ⊕，将02、03图像分别拖曳到01图像窗口中的适当位置，效果如图13-134所示，在"图层"控制面板中分别生成新的图层并将其命名为"空调"和"树叶"。将"树叶"图层拖曳到"空调"图层的下方，效果如图13-135所示。

图13-134　　　　　　　　图13-135

（3）按Ctrl+O组合键，打开本书学习资源中的"Ch13＞素材＞制作空调广告＞04"文件。选择"移动"工具 ⊕，将04图片拖曳到01图像窗口中的适当位置，效果如图13-136所示，在"图层"控制面板中生成新的图层并将其命名为"北极熊"。

（4）按Alt+Ctrl+T组合键，在图像周围出现变换框，在变换框中单击鼠标右键，在弹出的菜单中选择"垂直翻转"命令，垂直翻转复制的图像，然后将其拖曳到适当的位置，按Enter键确认操作，效果如图13-137所示。

图13-136　　　　　　　　图13-137

（5）单击"图层"控制面板下方的"添加蒙版"按钮 ▢，为图层添加蒙版，如图13-138所示。选择"渐变"工具 ▢，单击属性栏中的"点按可编辑渐变"按钮 ▬ ▾，弹出"渐变编辑器"对话框，将渐变色设为从白色到黑色，单击

"确定"按钮。在图像窗口中从上向下拖曳渐变色，图像效果如图13-139所示。

图13-138　　　　　　　　图13-139

（6）将前景色设为白色。选择"横排文字"工具 T.，在图像窗口中输入需要的文字并选取文字，在属性栏中选择合适的字体并设置文字大小，如图13-140所示，在"图层"控制面板中生成新的文字图层。

图13-140

（7）选择"文字＞文字变形"命令，弹出"变形文字"对话框，选项的设置如图13-141所示，单击"确定"按钮，效果如图13-142所示。

图13-141

图13-142

（8）单击"图层"控制面板下方的"添加图层样式"按钮 *fx.*，在弹出的菜单中选择"描边"命令，弹出对话框，将描边颜色设为白色，其他选项的设置如图13-143所示。选择"渐变叠加"选项，弹出相应的对话框，单击"渐变"选项右侧的"点按可编辑渐变"按钮 ，弹出"渐变编辑器"对话框，将渐变色设为从青色（其R、G、B的值分别为31、205、255）到深蓝色（其R、G、B的值分别为42、93、171），如图13-144所示，单击"确定"按钮。返回"渐变叠加"对话框，其他选项的设置如图13-145所示，单击"确定"按钮，图像效果如图13-146所示。

图13-145

图13-146

（9）新建图层并将其命名为"白底"。按住Ctrl键的同时，单击文字图层的缩览图，在文字周围生成选区，如图13-147所示。选择"选择 > 修改 > 扩展"命令，在弹出的对话框中进行设置，如图13-148所示，单击"确定"按钮，效果如图13-149所示。按Alt+Delete组合键，用前景色填充图层。取消选区后，效果如图13-150所示。

图13-147　　　　　　　　图13-148

图13-149　　　　　　　　图13-150

（10）单击"图层"控制面板下方的"添加图层样式"按钮 *fx.*，在弹出的菜单中选择"投影"命令，在弹出的对话框中进行设置，如图

图13-143

图13-144

13-151所示，单击"确定"按钮，效果如图13-152所示。

图13-151

图13-152

（11）在"图层"控制面板中，将"白底"图层拖曳到文字图层的下方，效果如图13-153所示。选择"横排文字"工具 T.，在图像窗口中输入需要的文字并选取文字，在属性栏中选择合适的字体并设置文字大小，如图13-154所示，在"图层"控制面板中生成新的文字图层。选择"窗口 > 字符"命令，弹出"字符"控制面板，单击"仿斜体"按钮 T，效果如图13-155所示。

图13-153

图13-154

图13-155

（12）单击"图层"控制面板下方的"添加图层样式"按钮 fx.，在弹出的菜单中选择"描边"命令，弹出对话框，将描边颜色设为白色，其他选项的设置如图13-156所示。选择"渐变叠加"选项，弹出相应的对话框，单击"渐变"选项右侧的"点按可编辑渐变"按钮，弹出"渐变编辑器"对话框，将渐变色设为从蓝色（其R、G、B的值分别为0、112、217）到浅蓝色（其R、G、B的值分别为0、174、255），如图13-157所示，单击"确定"按钮。

图13-156

图13-157

（13）返回"渐变叠加"对话框，其他选项的设置如图13-158所示。选择"投影"选项，弹出相应的对话框，选项的设置如图13-159所示，单击"确定"按钮，图像效果如图13-160所示。

图13-158

图13-159

图13-160

（14）将前景色设为蓝色（其R、G、B的值分别为0、112、217）。选择"横排文字"工具 T.，在图像窗口中拖曳鼠标绘制文本框，输入需要的文字并选取文字，在属性栏中选择合适的字体并设置文字大小，如图13-161所示，在"图层"控制面板中生成新的文字图层。在"字符"控制面板中进行设置，如图13-162所示，按Enter键确认操作，效果如图13-163所示。

（15）选择"直线"工具 ∕.，在属性栏的"选择工具模式"选项中选择"形状"，按住Shift键的同时，在图像窗口中绘制直线，如图13-164所示。

图13-161

图13-162

图13-163

图13-164

（16）单击"图层"控制面板下方的"添加图层样式"按钮 fx.，在弹出的菜单中选择"投影"命令，在弹出的对话框中进行设置，如图13-165所示，单击"确定"按钮，图像效果如图13-166所示。空调广告制作完成。

图13-165

图13-166

课堂练习1——制作水果店广告

练习1.1　项目背景及要求

1. 客户名称

果多多水果店。

2. 客户需求

果多多水果店是一家销售各种水果的商店。本例是为水果店的开业制作宣传广告，主要针对的客户是爱吃水果、享受健康生活的普通大众，要求体现出水果丰富多样的种类，表现出营养新鲜、健康美味的经营理念。

3. 设计要求

（1）使用黄色和杧果为背景，营造出明亮、温暖的氛围，给人健康和幸福感。

（2）新鲜丰富的水果体现出商店的主营特色，增强人们的购买欲望。

（3）图片和文字完美搭配，醒目直观，宣传性强。

（4）人物的运用增强了画面的活泼感，体现出营养健康的理念。

（5）设计规格为141mm（宽）×100mm（高），分辨率为100 dpi。

练习1.2　项目创意及制作

1. 设计素材

图片素材所在位置： 本书学习资源中的"Ch13/素材/制作水果店广告/01~03"。

2. 设计作品

设计作品效果所在位置： 本书学习资源中的"Ch13/效果/制作水果店广告.psd"，如图13-167所示。

3. 制作要点

使用移动工具、图层的混合模式和不透明度选项制作背景融合，使用高斯模糊命令制作模糊投影，使用色阶调整层调整人物颜色，使用钢笔工具绘制形状分割画面，使用横排文字工具和字符面板添加宣传语。

图13-167

课堂练习2——制作婴儿产品广告

练习2.1　项目背景及要求

1. 客户名称

思源悦有限公司。

2. 客户需求

思源悦有限公司是国内知名的婴幼儿护理品牌有限公司，致力于打造更贴合本国宝宝的顶端产品。现阶段需要为公司设计一个新款纸尿裤的广告，要求展现出清爽、舒适和安全的产品特点。

3. 设计要求

（1）使用淡灰色的背景营造出干爽、洁净的氛围，同时凸显出品质感。

（2）使用图案和文字突出宣传主题，揭示出良心产品、放心使用的品牌经营理念。

（3）使用宝宝图片抓住人们的视线，展现出安全、舒适的品牌特点。

（4）以真实直观的方式向用户传达宣传信息。

（5）设计规格为159mm（宽）×100mm（高），分辨率为100 dpi。

练习2.2　项目创意及制作

1. 设计素材

图片素材所在位置：本书学习资源中的"Ch13/素材/制作婴儿产品广告/01～04"。

2. 设计作品

设计作品效果所在位置：本书学习资源中的"Ch13/效果/制作婴儿产品广告.psd"，如图13-168所示。

3. 制作要点

使用色阶调整层和色相/饱和度调整层调整背景颜色，使用画笔工具绘制阳光，使用椭圆工具、自定形状工具、复制命令、图层的混合模式和不透明度选项绘制装饰图形和心形，使用钢笔工具和图层样式制作银灰形状。

图13-168

课后习题1——制作手机广告

习题1.1 项目背景及要求

1. 客户名称

致彩股份有限公司。

2. 客户需求

致彩股份有限公司是一家规模庞大，涉及电子、金融、机械、化学等众多领域的股份有限公司。公司现阶段需设计一款新手机产品的广告。广告要求展现出新产品的主要功能和特色，起到宣传的作用。

3. 设计要求

（1）使用炫目的背景给人时尚和现代感。

（2）喷溅状的设计起到引导视线的作用，突出宣传的主体。

（3）动感的文字设计与整体设计相呼应，让人印象深刻。

（4）整体设计要简洁直观，突出主题。

（5）设计规格为187mm（宽）×100mm（高），分辨率为100 dpi。

习题1.2 项目创意及制作

1. 设计素材

图片素材所在位置：本书学习资源中的"Ch13/素材/制作手机广告/01～06"。

2. 设计作品

设计作品效果所在位置：本书学习资源中的"Ch13/效果/制作手机广告.psd"，如图13-169所示。

3. 制作要点

使用复制命令和图层的混合模式制作背景，使用椭圆选框工具和羽化命令制作高光，使用钢笔工具、图层样式、图层蒙版和渐变工具制作装饰图形，使用移动工具、图层的混合模式和不透明度选项添加宣传主体，使用横排文字工具添加宣传语。

图13-169

课后习题2——制作汽车广告

习题2.1 项目背景及要求

1. 客户名称

飞驰汽车集团。

2. 客户需求

飞驰汽车集团以高质量、高性能的汽车产品闻名于世。目前飞驰汽车集团推出最新款汽车，要求制作宣传广告，以简洁直观的表现手法体现出产品的技术与特色。

3. 设计要求

（1）使用蓝紫色的背景营造出静谧、宁静的氛围，起到衬托的作用，突出前方的宣传主体。

（2）巧妙地融合宣传主体和画面，能增加画面的整体感和空间感。

（3）文字的设计要醒目突出，与下方的介绍图形相呼应，起到均衡画面的作用。

（4）整个设计要简洁直观，同时体现出品质感。

（5）设计规格均为100mm（宽）×136mm（高），分辨率为100 dpi。

习题2.2 项目创意及制作

1. 设计素材

图片素材所在位置： 本书学习资源中的"Ch13/素材/制作汽车广告/01~08"。

2. 设计作品

设计作品效果所在位置： 本书学习资源中的"Ch13/效果/制作汽车广告.psd"，如图13-170所示。

3. 制作要点

使用移动工具、图层蒙版、渐变工具和色彩平衡调整层制作背景效果，使用钢笔工具、图层蒙版、渐变工具和图层混合模式制作装饰渐变，使用载入选区命令和羽化命令制作阴影，使用直线工具绘制网状装饰线条，使用画笔工具绘制星星，使用椭圆工具、图层样式和创建剪贴蒙版命令制作功能介绍图片，使用自定形状工具、横排文字工具和图层样式制作标志。

图13-170

13.5.1　项目背景及要求

1. 客户名称

梁辛绿色食品有限公司。

2. 客户需求

梁辛绿色食品有限公司是一家生产、经营和销售各种绿色食品的公司。本例是为食品公司设计的五谷杂粮包装，主要针对的消费者是关注健康、注意营养膳食结构的人群。在包装设计上，要体现出健康、绿色的经营理念。

3. 设计要求

（1）使用蓝天与麦穗的完美融合体现出自然绿色的经营方式。

（2）运用模糊的背景突出前方的产品和文字，起到衬托的效果。

（3）使用棕红色的包装搭配五谷图片，给人可靠、健康的印象。

（4）整体设计应简单大方，颜色清爽明快，易使人产生购买欲望。

（5）设计规格为224mm（宽）×100mm（高），分辨率为100 dpi。

13.5.2　项目创意及要点

1. 设计素材

图片素材所在位置：本书学习资源中的"Ch13/素材/制作五谷杂粮包装/01～07"。

文字素材所在位置：本书学习资源中的"Ch13/素材/制作五谷杂粮包装/文字文档"。

2. 设计作品

设计作品效果所在位置：本书学习资源中的"Ch13/效果/制作五谷杂粮包装.psd"，如图13-171所示。

图13-171

3. 制作要点

使用新建参考线命令分割页面，使用钢笔工具绘制包装平面图，使用羽化命令和图层混合模式选项制作高光效果，使用图层蒙版、渐变工具、图层的混合模式和不透明度制作图片融合，使用横排文字工具添加文字，使用图层样式为文字添加特殊效果，使用矩形选框工具和变换命令制作包装立体效果。

13.5.3　案例制作及步骤

1. 制作包装背景效果

（1）按Ctrl+N组合键，新建一个文件，其宽度为18.9cm，高度为10cm，分辨率为100像素/英寸，颜色模式为RGB，背景内容为白色，单击"确定"按钮。选择"视图 > 新建参考线"命令，弹出"新建参考线"对话框，选项的设置如图13-172所示。单击"确定"按钮，效果如图13-173所示。用相同的方法，在8.2cm、9.7cm、17.2cm处分别新建垂直参考线，效果如图13-174所示。

图13-172

图13-173

图13-174

（2）选择"视图 > 新建参考线"命令，弹出"新建参考线"对话框，选项的设置如图13-

175所示。单击"确定"按钮，效果如图13-176所示。用相同的方法，在2.5cm、7.5cm、9.4cm处分别新建水平参考线，效果如图13-177所示。

图13-175

图13-176　　　　　图13-177

（3）将前景色设为暗红色（其R、G、B的值分别为111、45、27）。新建图层并将其命名为"底图"。选择"钢笔"工具 ∅.，将属性栏中的"选择工具模式"选项设为"路径"，拖曳鼠标绘制一个闭合路径，如图13-178所示。按Ctrl+Enter组合键，将路径转换为选区。按Alt+Delete组合键，用前景色填充选区，效果如图13-179所示。

图13-178　　　　　图13-179

（4）新建图层并将其命名为"高光"。将前景色设为浅黄色（其R、G、B的值分别为244、217、119）。按Alt+Delete组合键，用前景色填充选区，效果如图13-180所示，取消选区。选择"多边形套索"工具 ⊠.，绘制多边形选区，如图13-181所示。

图13-180　　　　　图13-181

（5）在选区中单击鼠标右键，在弹出的菜单中选择"羽化"命令，弹出"羽化选区"对话框，选项的设置如图13-182所示。单击"确定"按钮，效果如图13-183所示。

图13-182

图13-183

（6）按Delete键，删除选区中的图像，取消选区后，效果如图13-184所示。用相同的方法在右下角制作相同的效果，如图13-185所示。

图13-184　　　　　图13-185

（7）在"图层"控制面板上方，将"高光"图层的混合模式选项设为"线性加深"，如图13-186所示，图像效果如图13-187所示。

图13-186　　　　　图13-187

（8）按Ctrl+O组合键，打开本书学习资源中的"Ch13 > 素材 > 制作五谷杂粮包装 > 01"文件。选择"移动"工具 ⊹.，将01图片拖曳到图像窗口中的适当位置，如图13-188所示，在"图层"控制面板中生成新的图层并将其命名为"风景图"。

（9）单击"图层"控制面板下方的"添加蒙版"按钮 ▣，为图层添加蒙版。选择"渐变"工具 ▣.，单击属性栏中的"点按可编辑渐变"按

钮 ，弹出"渐变编辑器"对话框，将渐变色设为从黑色到白色，单击"确定"按钮。在风景图上由上向下拖曳渐变色，效果如图13-189所示。

图13-188　　　　　　　图13-189

（10）在"图层"控制面板上方，将"风景图"图层的混合模式选项设为"叠加"，"不透明度"选项设为50%，如图13-190所示，按Enter键确认操作，图像效果如图13-191所示。

图13-190　　　　　　　图13-191

2. 制作包装正面和侧面

（1）按Ctrl+O组合键，打开本书学习资源中的"Ch13 > 素材 > 制作五谷杂粮包装 > 02"文件。选择"移动"工具 ⊕.，将02图片拖曳到图像窗口中的适当位置，如图13-192所示，在"图层"控制面板中生成新的图层并将其命名为"杂粮"。

图13-192

（2）新建图层并将其命名为"圆形"。将前景色设为深绿色（其R、G、B的值分别为0、55、5）。选择"椭圆"工具 ○.，将属性栏中的"选择工具模式"选项设为"像素"，按住Shift键的同时，在图像窗口中绘制圆形，如图13-193所示。

图13-193

（3）按Ctrl+O组合键，打开本书学习资源中的"Ch13 > 素材 > 制作五谷杂粮包装 > 03"文件。选择"移动"工具 ⊕.，将03图片拖曳到图像窗口中的适当位置，如图13-194所示，在"图层"控制面板中生成新的图层并将其命名为"图案"。

图13-194

（4）新建图层并将其命名为"图形"。将前景色设为浅黄色（其R、G、B的值分别为255、251、199）。选择"圆角矩形"工具 ○.，将属性栏中的"选择工具模式"选项设为"像素"，"半径"选项设为15像素，在图像窗口中绘制圆角矩形，如图13-195所示。选择"椭圆"工具 ○.，绘制两个椭圆形，如图13-196所示。

图13-195　　　　　　　图13-196

（5）按Ctrl+O组合键，打开本书学习资源中的"Ch13 > 素材 > 制作五谷杂粮包装 > 04"文件。选择"移动"工具 ⊕.，将04图片拖曳到图像窗口中的适当位置，如图13-197所示，在"图层"控制面板中生成新的图层并将其命名为"花纹"。

（6）按Ctrl+O组合键，打开本书学习资源中的"Ch13 > 素材 > 制作五谷杂粮包装 > 05"文件。选择"移动"工具 ✣.，将05图片拖曳到图像窗口中的适当位置，如图13-198所示，在"图层"控制面板中生成新的图层并将其命名为"五谷杂粮"。

图13-197　　　　　　图13-198

（7）单击"图层"控制面板下方的"添加图层样式"按钮 fx.，在弹出的菜单中选择"描边"命令，弹出对话框，将描边颜色设为橘黄色（其R、G、B的值分别为236、193、30），其他选项的设置如图13-199所示。单击"确定"按钮，效果如图13-200所示。

图13-199

图13-200

（8）按Ctrl+O组合键，打开本书学习资源中的"Ch13 > 素材 > 制作五谷杂粮包装 > 06"文件。选择"移动"工具 ✣.，将06图片拖曳到图像窗口中的适当位置，如图13-201所示，在"图层"控制面板中生成新的图层并将其命名为"生产许可"。

（9）将前景色设为棕色（其R、G、B的值分别为111、45、47）。选择"横排文字"工具 T.，在属性栏中选择合适的字体并设置适当的文字大小，输入需要的文字，如图13-202所示，在"图层"控制面板中生成新的文字图层。

图13-201　　　　　　图13-202

（10）单击"图层"控制面板下方的"添加图层样式"按钮 fx.，在弹出的菜单中选择"描边"命令，弹出对话框，将描边颜色设为浅黄色（其R、G、B的值分别为255、251、199），其他选项的设置如图13-203所示。单击"确定"按钮，效果如图13-204所示。

图13-203

图13-204

（11）在"图层"控制面板中，按住Shift键的同时，单击"杂粮"图层，将两个图层之间的所有图层同时选取，按Ctrl+G组合键，群组图层并命名为"正面"。

（12）将"正面"图层组拖曳到控制面板下方的"创建新图层"按钮 🔲 上进行复制，生成新的副本图层。选择"移动"工具 ⊹，按住Shift键的同时，在图像窗口中将复制图形拖曳到适当的位置，如图13-205所示。

图13-205

（13）用相同的方法复制需要的图形，并分别将其拖曳到适当的位置，将下方的图形垂直并水平翻转，效果如图13-206所示。

图13-206

（14）再次使用相同的方法复制需要的图形，并将其拖曳到适当的位置，如图13-207所示。将前景色设为浅黄色（其R、G、B的值分别为249、229、148）。选择"横排文字"工具 T.，在属性栏中选择合适的字体并设置适当的文字大小，在图像窗口中拖曳文本框，输入需要的文字，如图13-208所示。再次复制图形和文字到需要的位置，效果如图13-209所示。

图13-207

图13-208

图13-209

（15）按Ctrl+；组合键，将参考线隐藏。在"图层"控制面板中，单击"背景"图层左侧的眼睛图标 👁，将"背景"图层隐藏。按Ctrl+Shift+S组合键，弹出"存储为"对话框，将制作好的图像命名为"五谷杂粮包装平面图"，保存为PNG格式，单击"保存"按钮，弹出"PNG选项"对话框，单击"确定"按钮，将图像保存。

3. 制作包装立体效果

（1）按Ctrl+O组合键，打开本书学习资源中的"Ch13 > 素材 > 制作五谷杂粮包装 > 07"文件，如图13-210所示。按Ctrl+O组合键，打开本书学习资源中的"Ch13 > 效果 > 制作五谷杂粮包装 > 五谷杂粮包装平面图.png"文件。选择"矩形选框"工具 ▢，在图像窗口中绘制需要的选区，如图13-211所示。

图13-210

图13-211

（2）选择"移动"工具 ⊹，将选区中的图像拖曳到07图像窗口中，如图13-212所示。在

"图层"控制面板中生成新的图层并将其命名为"正面"。按Ctrl+T组合键，图像周围出现控制手柄，按住Ctrl键的同时，拖曳控制手柄改变图像，按Enter键确认操作，效果如图13-213所示。

图13-212

图13-213

（3）选择"矩形选框"工具 ⌷，在"五谷杂粮包装平面图"的侧面拖曳鼠标绘制一个矩形选区，如图13-214所示。选择"移动"工具 ⊕，将选区中的图像拖曳到新建的图像窗口中，在"图层"控制面板中生成新的图层并将其命名为"侧面"。按Ctrl+T组合键，图像周围出现控制手柄，按住Ctrl键的同时，拖曳控制手柄改变图像，按Enter键确认操作，效果如图13-215所示。

图13-214

图13-215

（4）选择"矩形选框"工具 ⌷，在"五谷杂粮包装平面图"的顶面绘制一个矩形选区，如图13-216所示。选择"移动"工具 ⊕，将选区中的图像拖曳到新建的图像窗口中，在"图层"控制面板中生成新的图层并将其命名为"顶面"。按Ctrl+T组合键，图像周围出现控制手柄，按住Ctrl键的同时，拖曳控制手柄改变图像，按Enter键确认操作，效果如图13-217所示。

图13-216

图13-217

（5）按住Shift键的同时，单击"正面"图层，将需要的图层同时选取，如图13-218所示。按Ctrl+E组合键，合并图层并将其命名为"包装"，如图13-219所示。

图13-218　　　　　　　图13-219

（6）单击"图层"控制面板下方的"添加图层样式"按钮 ƒx.，在弹出的菜单中选择"投影"命令，在弹出的对话框中进行设置，如图13-220所示。单击"确定"按钮，效果如图13-221所示。

图13-220

图13-221

（7）新建图层并将其命名为"投影"。将前景色设为黑色。选择"钢笔"工具 ⬚，拖曳鼠标绘制一个闭合路径，如图13-222所示。按Ctrl+Enter组合键，将路径转换为选区，如图13-223所示。

图13-222

图13-223

（8）选择"选择 > 修改 > 羽化"命令，在弹出的对话框中进行设置，如图13-224所示，单击"确定"按钮。按Alt+Delete组合键，用前景色填充选区。取消选区后，效果如图13-225所示。

（9）选择"移动"工具 ⊹，在图像窗口中将投影图形拖曳到适当的位置，效果如图13-226所示。在"图层"控制面板中，将"投影"图层拖曳到"包装"图层的下方，效果如图13-227所示。五谷杂粮包装效果制作完成。

图13-224

图13-225

图13-226

图13-227

课堂练习1——制作红酒包装

练习1.1　项目背景及要求

1. 客户名称

云天酒庄。

2. 客户需求

云天酒庄是一家以各类酒品为主要经营范围的企业。现要为公司最新酿制的红酒制作产品包装，设计要求与包装产品契合，抓住产品特色。

3. 设计要求

（1）使用优美的田园风景揭示出产品自然、纯正的特点，带给人感官上的享受。

（2）设计要能体现出产品香醇幼滑的口感和优雅的品质。

（3）包装以暗色为主，凸显酒的质感和档次。

（4）标题设计要醒目突出，达到宣传的目的。

（5）设计规格均为100mm（宽）×142mm（高），分辨率为100 dpi。

练习1.2　项目创意及制作

1. 设计素材

图片素材所在位置：本书学习资源中的"Ch13/素材/制作红酒包装/01～08"。

2. 设计作品

设计作品效果所在位置：本书学习资源中的"Ch13/效果/制作红酒包装.psd"，如图13-228所示。

3. 制作要点

使用移动工具、图层样式、图层的混合模式和不透明度选项制作背景效果，使用多边形套索工具和羽化命令制作暗影，使用图层蒙版、渐变工具和画笔工具制作酒瓶阴影，使用图层样式添加文字投影。

图13-228

练习2.1 项目背景及要求

1. 客户名称

脆乡食品有限公司。

2. 客户需求

脆乡食品有限公司是一家生产、销售各种零食的综合型制造企业。公司的产品涵盖糖果、巧克力、果冻、糕点和调味品等众多类别。本例是为土豆片设计制作的产品包装，要求能体现出健康、时尚的特点和积极、乐观的生活态度。

3. 设计要求

（1）背景的设计要能营造出阳光、舒适的氛围。

（2）使用绿色叶子和薯片的搭配，给人自然、健康的印象。

（3）以土豆和土豆片作为包装封面的元素，表现出自然真实的特色。

（4）以真实简洁的方式向观者传达信息内容。

（5）设计规格为212mm（宽）×100mm（高），分辨率为100 dpi。

练习2.2 项目创意及制作

1. 设计素材

图片素材所在位置：本书学习资源中的"Ch13/素材/制作软土豆片包装/01～08"。

2. 设计作品

设计作品效果所在位置：本书学习资源中的"Ch13/效果/制作软土豆片包装.psd"，如图13-229所示。

3. 制作要点

使用图层蒙版、画笔工具和不透明度选项制作背景，使用矩形工具、移动工具、横排文字工具和字符面板制作包装平面图，使用钢笔工具和画笔工具制作包装立体效果，使用图层的混合模式制作图片融合。

图13-229

课后习题1——制作CD唱片包装

习题1.1　项目背景及要求

1. 客户名称

星星唱片。

2. 客户需求

星星唱片是一家从事唱片印刷、唱片出版、音乐制作、版权代理及无线运营等业务的唱片公司。公司即将推出一张名叫《音乐嘉年华——小提琴篇》的音乐专辑，需要制作专辑封面，封面设计希望能表现出小提琴优美的音色和宽广的音域。

3. 设计要求

（1）背景图片要能营造出自然舒适的氛围，给人质朴、透彻的印象。

（2）使用演奏的小提琴体现出不断延伸、柔和优美的特点。

（3）设计的文字能充分表现出小提琴的韵律和节奏感，突出唱片的主题。

（4）整体设计要将艺术、音乐与生活完美融合，给人亲近感。

（5）设计规格为115mm（宽）×36mm（高），分辨率为300 dpi。

习题1.2　项目创意及制作

1. 设计素材

图片素材所在位置：本书学习资源中的"Ch13/素材/制作CD唱片包装/01～09"。

2. 设计作品

设计作品效果所在位置：本书学习资源中的"Ch13/效果/制作CD唱片包装.psd"，如图13-230所示。

3. 制作要点

使用色相/饱和度调整层调整图片，使用图层的混合模式融合图片，使用横排文字工具、字符面板和图层样式制作唱片名称和曲目。

图13-230

课后习题2——制作洗发水包装

习题2.1 项目背景及要求

1. 客户名称

BINGLINGHUA。

2. 客户需求

BINGLINGHUA是一家生产和经营美发护理产品的公司。现要为公司最新生产的洗发水制作产品包装，设计要求与包装产品契合，抓住产品特色。

3. 设计要求

（1）使用白色和蓝色的包装，给人洁净清爽之感。

（2）包装设计要能形成动静结合的画面，凸显出产品的特色。

（3）字体的设计要与宣传的主体相呼应，达到宣传的目的。

（4）整体设计要清新自然，易给人好感，使人产生购买欲望。

（5）设计规格为185mm（宽）×100mm（高），分辨率为100 dpi。

习题2.2 项目创意及制作

1. 设计素材

图片素材所在位置：本书学习资源中的"Ch13/素材/制作洗发水包装/01～06"。

2. 设计作品

设计作品效果所在位置：本书学习资源中的"Ch13/效果/制作洗发水包装.psd"，如图13-231所示。

3. 制作要点

使用图层蒙版、画笔工具、图层的混合模式和不透明度制作背景，使用椭圆工具、直线工具、变换命令和创建剪贴蒙版命令制作装饰图形，使用图层蒙版和渐变工具制作洗发水投影，使用横排文字工具和字符面板添加宣传性文字。

图13-231